열과 엔트로피는
처음이지?

※ 이 책에 사용한 사진과 그림의 저작권은 각 이미지에 표시해 두었습니다. '출처:위키백과'의 경우 개방형 이미지임을 알리기 위해 표시했으며, 각 이미지의 저작권자는 위키백과에서 확인할 수 있습니다. 나머지 출처 표시가 없는 이미지는 직접 촬영하거나 그린 이미지들입니다.

열과 엔트로피는 처음이지?

1판 1쇄 발행일 2021년 1월 30일   1판 2쇄 발행일 2022년 5월 23일

글쓴이 곽영직 | 펴낸곳 (주)도서출판 북멘토 | 펴낸이 김태완

편집주간 이은아 | 편집 이경윤, 김경란, 조정우 | 디자인 책은우주다, 안상준 | 마케팅 이상현, 민지원, 염승연

출판등록 제6-800호(2006. 6. 13.)

주소 03990 서울시 마포구 월드컵북로 6길 69(연남동 567-11), IK빌딩 3층

전화 02-332-4885 | 팩스 02-6021-4885

ⓞ bookmentorbooks__   🅕 bookmentorbooks   ✉ bookmentorbooks@hanmail.net

ⓒ 곽영직, 2021

ISBN 978-89-6319-398-4 03420

과학이 꼭 어려운 건 아니야 ❹

열과 엔트로피는 처음이지?

곽영직 지음

북멘토

열과 엔트로피:
변화의 방향을 나타내는 기본적인 양

인류가 불이나 열을 사용하기 시작한 것은 구석기 시대부터이다. 오랫동안 음식물을 익혀 먹는 용도나 난방용으로 사용하던 열을 동력을 얻어내는 용도로도 사용하기 시작한 것은 18세기부터였다. 18세기에 등장한 열기관은 사람이나 동물의 힘으로 하던 일들을 기계가 대신하도록 했고, 기관차나 증기선에도 사용되어 사람들이 살아가는 모습을 크게 바꾸어 놓았다. 그러나 증기기관으로 움직이는 기관차나 증기선이 사람들 사이의 거리를 좁혀놓기 시작할 때까지도 열이 무엇인지, 그리고 열기관이 어떤 원리로 작동하는지를 제대로 이해하지 못하고 있었다.

열에 대한 본격적인 연구가 시작된 것은 19세기 중반부터였다. 19세기 중반에 열역학 제1법칙과 제2법칙이 확립되고, 열역학 제2법칙을 통일적으로 기술하기 위해 엔트로피라는 양이 도입된 후에야 열과 열기관을 제대로 이해할 수 있게 되었다. 그 후 열과 관련된 현상을 이해하기 위해 도입된 열역학 제1법칙과 제2법칙은 열과 관련된 현상은 물론 자연현상을 설명하고 이해하는 기본 법칙이라는 것이 밝혀졌다.

특히 열역학 제2법칙을 통일적으로 기술하기 위해 도입된 엔트로피는 물리학과 자연과학의 경계를 뛰어넘어 역사학이나 경제학, 교육학, 그리고 환경공학과 같은 다양한 분야의 현상들을 설명하는 데도 이용되고 있다. 엔트로피가 열역학과는 관계가 없는 여러 분야에서도 널리 사용되면서 많은 사람들이 엔트로피와 엔트로피 증가의 법칙에 큰 관심을 가지게 되었다. 그러나 논리적 엄밀성을 지니지 못한 채 엔트로피나 엔트로피 증가의 법칙의 기본적인 개념을 광범위하게 적용하는 설명이나 주장은 그럴 듯해 보이기는 하지만 본래의 의미와는 다른 경우도 많다.

변화의 방향을 나타내는 기본적 양인 엔트로피가 열역학이나 통계물리학에서 어떤 과정을 통해 도입되었는지, 그리고 정확한 의미가 무엇인지를 이해하는 것은 열과 관련된 현상을 이해하는 데는 물론 열역학 이외의 분야에서 사용되고 있는 엔트로피라는 용어의 의미와 엔트로피 증가의 법칙이 나타내는 바를 이해하는 데 큰 도움이 될 것이다. 이 책에서는 열역학의 발전 과정에서 열역학 제1법칙과 제2법칙이 어떤 현상을 설명하기 위해 도입되었는지를 살펴보고, 이를 통해 엔트로피와 열역학 제2법칙을 나타내는 여러 가지 다른 표현들의 의미와 그런 표현들 사이의 관계를 이해할 수 있도록 했다.

또 열역학에서 정의한 엔트로피나 열역학 제2법칙과 통계물리학적으로 정의된 엔트로피가 어떻게 다른지를 충분히 설명하여 엔트로피 증가의 법칙이 우주의 변화 방향을 나타내는 기본적인 법칙으로 자리 잡게 되는 과정을 이해할 수 있도록 했다.

열역학이나 통계물리학에서는 미분을 이용한 수식이 많이 사용되지만 여기서는 가능하면 수식을 사용하지 않으려고 노력했다. 그러나 열역학에서 핵심적으로 다루어지는 복잡하지 않은 몇 가지 수식은 소개했다. 이 책에서 사용된 수식은 이미 잘 알려진 간단한 것들이어서 책을 읽어나가는 데 큰 부담이 되지는 않을 것이다. 다만 통계적으로 정의된 엔트로피를 좀 더 확실하게 설명하기 위해 추가된 부록에서는 간단한 미분을 포함하고 있는 조금은 복잡한 수식을 이용하여 설명했다. 내용이 복잡하지 않고 분량도 많지 않아 이 부분도 어렵지 않게 이해할 수 있지만, 수식이 포함된 설명에 익숙하지 않은 독자들은 부록은 생략하고 읽어도 좋을 것이다.

마지막 장인 9장에서는 열역학 밖으로 나간 엔트로피가 생물이나 우주론 그리고 역사학, 경제학 등 다양한 분야에서 어떻게 이용되고 있는지를 살펴보았다. 엄밀하게 정의되어 있지 않고 측정이나 실험을 통해 확인할 수 없는 엔트로피는 과학적인 양이라고 할 수 없다. 따라서 9장에서 소개하는 엔트로피를 이용한 설명들은 그런 설명에 모두 동의한다는 뜻이 아니라 다양한 분야에서 엔트로피와 엔트로피 증가의 법칙이 어떻게 사용되고 있는지를 보여주기 위한 것이다.

열과 관련된 현상들을 설명하기 위해 도입된 엔트로피와 엔트로피 증가의 법칙이 제공하는 세상을 이해하는 새로운 방법과, 엔트로피 증가의 법칙을 통해 본 세상의 또 다른 면이 주는 지적 만족도는 생각보다 크다. 많은 사람들이 엔트로피와 엔트로피 증가의 법칙에 관심을 가지는 것은 이 때문일 것이다. 열에 대해 아무 것도 모른 채 불을 사용하기 시작한 구석기 시대에서부터 시작해 통계적 엔트로피가 우주적 법칙으로 자리 잡기까지의 과정을 다룬 이 책을 통해 독자들도 우리가 살아가고 있는 우주의 또 다른 면을 발견하는 즐거움을 맛볼 수 있었으면 좋겠다.

2020년 겨울
곽영직

차례

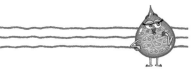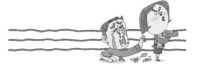

| 6장 | 에너지 보존법칙

| 7장 | 열역학 제2법칙과 엔트로피

1장
인류 문명과 불

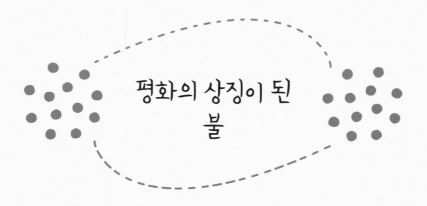

평화의 상징이 된
불

올림픽이 열리는 동안 메인 스타디움의 성화대에는 개회식 때 점화된 성화가 계속 타오르고 있다. 고대 그리스에서 열렸던 고대 올림픽 기간 동안에는 성화가 제우스 신전을 밝혔다. 근대 올림픽에서 성화가 사용되기 시작한 것은 1928년에 열렸던 제9회 암스테르담 올림픽 때부터였다. 그러나 그때는 성화 봉송 행사도 없었고 성화대도 따로 마련되어 있지 않아 그냥 햇불처럼 꽂혀 있었다.

높은 곳에 설치된 성화대가 처음 선을 보인 것은 1936년에 열렸던 제11회 베를린 올림픽 때부터였다. 그리스에서 채화된 성화를 3000킬로미터나 떨어져 있는 베를린까지 봉송하는 성화 봉송도 이때 처음 실시되었다. 당시 독일을 통치하고 있던 히틀러의 나치 정권이 성대한 성화 봉송 행사를 하고 높은 성화대를 설치한 것은 독일 민족주의를 선전하고 자신들의 권력을 과시하기 위한 것이었다. 그럼에도 불구하고 나치가 시작한 성화 봉송과 성화대는 올림픽의 공식 행사로 자리 잡았다. 1952년에는 올림픽 헌장에 그리스에서 채화된 성화가 주경기장의 성화대까지 옮겨져 대회 기간 중 밝혀야 한다는 규정이 추가되었다. 올림픽 경기장이 여러 곳인 경우에도 성화는 하나만 설치하도록 하고 있다. 1964년부터는 동계 올림픽에서도 성화가 사용되기 시작했다. 성화는 이제 올림픽이 추구하는 인류 평화의 상징이 되었다.

올림픽 성화는 올림픽의 발상지인 그리스의 펠로폰네소스 반도에 있는 헤라신전에서 태양빛을 이용해 채화된 후 여러 나라와 개최 국가의 주요 도시들을 거친 후 올림픽 개회식 때 메인 스타디움의 성화대에 점화된다. 스포츠 스타를 비롯한 유명 인사들이 많

■ 올림픽 성화의 모습(ⓒ픽사베이)

이 참가하는 성화 봉송은 올림픽의 평화 정신을 널리 알리고 축제 분위기를 고조시키는 데 중요한 역할을 하고 있다. 마지막 성화 봉송 주자가 성화대에 불을 붙이는 순간 올림픽 개막식이 절정을 이룬다. 누가 마지막 주자인지, 그리고 어떤 방법으로 성화대에 점화하는지는 마지막 순간까지 비밀에 붙여져 극적인 효과를 더한다.

1988년에 열렸던 제24회 서울 올림픽 성화 봉송은 그리스에서 채화된 성화가 8월 27일 비행기 편으로 제주에 도착하면서 시작되어 올림픽 개막 전날인 9월 16일에 서울 올림픽 주경기장에 도착할 때까지 전국을 돌면서 진행되었다. 서울 올림픽 성화의 마지막 봉송자 겸 점화자는 우리나라 사람 최초로 마라톤 올림픽 금메달을 딴 손기정 선수일 것이라고 모두들 예상하고 있었다. 그러나 그런 예상을 깨고 성화를 들고 주경기장으로 들어온 손기정 선수는 서울 아시안게임 육상 금메

달리스트였던 임춘애 선수에게 넘겨주었고, 성화를 들고 트랙을 돈 임춘애 선수는 다시 세 명의 보통 사람으로 이루어진 점화자들에게 성화를 넘겨주었다.

마지막 성화 봉송자가 높은 곳에 설치된 성화대까지 계단을 올라가 점화하는 것이 그때까지의 관례였지만 서울 올림픽에서는 엘리베이터를 이용하여 성화대로 올라간 다음 성화대에 점화했다. 이로서 마지막 봉송자가 점화하는 것과 계단을 올라가 점화하는 전통이 깨졌다. 서울 올림픽 성화는 폐회식과 함께 꺼졌지만 불씨는 아직도 올림픽 공원에 보관되어 있다.

2018년에 개최된 평창 동계 올림픽의 마지막 성화 봉송자는 남북 아이스하키 단일팀의 남한 선수 박종아와 북한 선수 정수현이었다. 축구선수 안정환으로부터 성화를 넘겨받은 이들은 성화를 들고 함께 계단을 올라가 피겨스케이트 올림픽 금메달리스트인 김연아 선수에게 성화를 넘겨주었다. 성화를 넘겨받은 김연아 선수가 스케이트 타고 얼음 조형물 주변을 몇 바퀴 돌면서 간단한 연기를 한 뒤 얼음 조형물에 불을 붙이자 그 안에 숨겨져 있던 30개의 금속 고리들이 불이 붙은 채 위로 올라가 성화대에 불을 붙였다.

올림픽 성화가 사람들의 인기를 끌면서 세계 각국의 스포츠 행사에서도 성화를 사용하고 있다. 우리나라에서는 1955년에 열린 제36회 전국 체육대회 때부터 강화도 마니산 참성단에서 채화한 성화를 여러 도시를 돌면서 주경기장까지 봉송한 다음 대회가 진행되는 동안 성화대를 밝히도록 하고 있다.

인류의 체육 제전인 올림픽에서 스포츠와는 직접 관련이 없는 성화가 이렇게 소중하게 취급되는 것은 무엇 때문일까? 올림픽의 성공과 흥행을 위해 올림픽 기획자들이 성화와 관련된 이벤트를 점점 더 확대 시행해온 상업주의 때문일는지도 모른다. 그러나 인류의 역사에서 불이 특별한 의미를 가지지 않았다면 올림픽 개최자들이 기획한 성화 관련 이벤트에 세계인들이 이처럼 많은 관심을 기울이지도 않았을 것이고, 올림픽 공식 행사로 자리 잡지도 못했을 것이다.

세계인들의 스포츠 행사에서 불이 특별한 대접을 받는 것은 오늘날 우리가 누리고 있는 인류 문명이 불을 바탕으로 하고 있기 때문일 것이다. 인류는 불과 열을 사용하기 시작하면서 동물과 다른 생활을 하기 시작했고 문명을 발전시키기 시작했다. 어떤 의미에서 인류 문명은 불을 사용하는 방법을 발전시켜온 문명이라고 할 수 있다. 불과 관련된 많은 전설과 신화가 만들어지고 불에 다양한 의미가 부여되는 것은 어쩌면 당연한 일이다. 불이 가지고 있는 이런 상징성과 함께 불 자체가 가지고 있는 사람을 끄는 매력 또한 불이 화려한 제전의 주인공이 되는 데 일조했을 것이다.

그렇다면 불은 과연 무엇일까? 그리고 열은 또 무엇이며 인류는 불과 열을 어떻게 이용해 왔을까? 그리고 불과 열을 연구하여 알아낸 열역학 법칙들에는 어떤 것들이 있으며, 엔트로피라는 양은 무엇일까? 열역학에서 도입된 엔트로피가 우리가 살아가고 있는 세상을 설명하는 데 어떻게 이용되고 있을까?

인류가 불을 사용하기 시작하다

인류의 조상이 언제 지구상에 처음 나타났는지를 정확하게 알 수는 없다. 그러나 인류의 DNA와 침팬지의 DNA를 비교한 생물학자들은 인류와 침팬지의 조상이 약 700만 년에서 500만 년 전 사이에 공통 조상에서 갈라졌다고 믿고 있다. 침팬지와 오랑우탄 그리고 고릴라는 모두 사람과에 속하지만 다른 속에 속하는 동물들이다. 고릴라의 조상과 갈라진 다음 나타난 인류의 조상들을 우리는 오스트랄로피테쿠스, 파란트로푸스 등 다른 속으로 분류한다.

사람속(호모속)에 속하는 가장 오래된 인류의 조상은 약 220만 년 전 동아프리카에 나타났던 호모하빌리스였다. 손재주가 좋았던 이들은 여러 가지 도구를 만들어 사용하기 시작했지만 아프리카를 떠나지는 않았다. 아프리카 대륙을 탈출하여 유라시아 대륙 곳곳으로 진출한 인류의 조상은 약 170만 년 전에 나타난 사람(호모)속 에렉투스 종인 호모에렉투스였다. 호모에렉투스로부터 진화한 것으로 믿어지는 현생인류인 호모사피엔스는 약 30만 년 전에 지구상에 등장했다.

과학자들은 약 100만 년 전쯤에 남아프리카에 살았던 호모에렉투스가 불을 사용한 흔적을 발견했다. 따라서 이보다 이른 시기인 약 150만 년 전부터 인류의 조상들이 불을 사용하기 시작했을 것으로 보고 있다. 처음에는 벼락이나 화산 활동과 같은 자연현상을 통해 자연적으로 발화한 불을 이용했겠지만, 곧 마찰을 이용해 불을 만들어

넣 수 있게 되었고, 그렇게 만든 불씨를 꺼지지 않도록 조심스럽게 다루는 방법을 알아냈을 것이다.

　인류의 조상들은 위험한 야생동물을 쫓아내고 추운 날씨에 몸을 따뜻하게 하는 데 불을 사용했을 것이고, 어두운 저녁이나 캄캄한 동굴 안을 밝히는 데도 불을 사용했을 것이다. 인류의 역사에서 보면 이것도 커다란 진전이었다. 그러나 불을 음식을 익혀 먹는 용도로 사용하기 시작한 것은 더 중요한 전환점이 되었을 것이다. 불을 이용해 익힌 음식을 먹기 시작하면서 인류의 생활방식뿐만 아니라 신체 구조까지 바뀌게 되었기 때문이다.

　불을 사용해서 음식을 익혀 먹기 전에는 인류가 살아가는 모습이 동물과 매우 비슷했을 것이다. 사방에서 사람을 노리고 있는 포식자들의 눈을 피해 높은 나무 위나 어두운 동굴 안에서 많은 시간을 보내야 했을 것이다. 그러나 불과 도구를 사용하기 시작하면서 포식자들을 효과적으로 물리칠 수 있게 되었고, 뛰어난 사냥꾼으로 거듭날 수 있게 되었다. 불과 도구의 사용으로 인류는 포식자들의 사냥감에서 가장 뛰어난 사냥꾼으로 바뀌게 된 것이다.

아직 토기를 만들 수 없었던 시대에는 음식물을 불에 구워 먹었을 것이다. 불에 익힌 음식은 소화와 흡수가 잘 돼 같은 음식을 먹고도 더 건강해질 수 있었다. 더구나 익히는 과정에서 기생충이나 세균이 제거되어 질병이 크게 줄어들게 되었다. 그뿐만 아니라 추운 날씨에 불을 이용하여 난방하게 되면서 인류의 건강 상태가 크게 향상되었고, 이로 인해 수명도 크게 늘어났을 것이다.

인류학자들은 인류가 커다란 뇌를 가지게 된 것 역시 불과 연관이 있다고 보고 있다. 뇌의 무게는 몸무게의 2%에 불과하지만 우리 몸이 사용하는 에너지의 약 20%를 사용하고 있다. 뇌는 크기에 비해 많은 에너지를 사용하고 있는 셈이다. 따라서 많은 에너지를 사용하는 뇌를 유지하기 위해서는 많은 에너지를 섭취해야 한다. 그런데 익힌 음식물은 날 음식물보다 소화와 흡수가 잘 돼 같은 음식물로부터 더 많은 에너지를 얻을 수 있다.

인류는 불을 이용해 음식을 익혀 먹게 되면서 적게 먹고도 뇌가 필요로 하는 에너지를 충분히 공급받을 수 있게 되자 식량을 확보하는 데 많은 시간을 허비할 필요가 없게 되어 남은 시간을 좀 더 복잡하고 창조적인 일을 하는 데 사용할 수 있게 되었다. 뇌를 사용하는 일을 많이 하면서 인류의 뇌가 점점 더 커지게 되었다.

인류는 불로 음식물을 익혀 먹고 포식자를 쫓아내며 난방을 하는 데 뿐만 아니라 도구를 만드는 데도 사용하기 시작했다. 인류가 불을 이용해 도구를 만들기 시작하면서 인류의 역사는 비약적으로 발전하기 시작했다. 역사학자들은 인류의 역사를 사용한 도구에 따라 구석기 시대, 신석기 시대, 청동기 시대, 철기 시대로 구분하고 있다.

불을 중심으로 이 시대를 다시 정의한다면 구석기 시대는 불을 음식을 구워 먹는 용도로만 사용하던 시대이고, 신석기 시대는 불을 이용해 만든 토기로 음식을 삶거나 쪄서 먹던 시대이며, 청동기와 철기 시대는 각각 불을 이용하여 청동기와 철기를 만드는 높은 온도를 만들어낼 수 있었던 시대라고 할 수 있다. 이는 인류의 역사가 불을 사용하는 방법의 변화에 따라 발전해 왔음을 의미한다.

토기를 만들다

지구상에 인류가 등장하고 약 1만1000년 전까지를 구석기 시대라고 한다. 구석기 시대에도 인류는 여러 가지 도구를 사용했지만 이 시대의 도구는 자연에서 발견되는 암석에 약간의 물리적인 힘을 가해 일부를 변형시킨 뗀석기가 대부분이었다. 구석기 시대 중반부터 인류가 불을 사용하기 시작했지만 아직 불을 이용해 도구를 만들지는 못하고 있었다.

그러나 구석기 시대 말기인 1만2000년 전부터 불을 이용한 토기를 만들어 사용하기 시작했다. 시베리아, 연해주, 황하와 양자강 유역을 비롯한 광범위한 지역에서 1만2000년 전에 만들어진 토기들이 출토되었다. 한 지역에서 발전시킨 토기 만드는 기술이 다른 지역으로 전파되었는지, 아니면 비슷한 시기에 여러 지역에서 토기의 제조법을 발전시켰는지는 확실하지 않지만 신석기 시대에는 토기가 세계 거의 모든 곳에서 사용되었다. 토기는 점토로 특정한 형태를 만들어 말린 다음 높은 온도로 가열하여 구운 것이다. 온도가 200℃가 되면 점토의 결정 사이에 있는 수분이 증발하고, 500℃ 이상이 되면 점토의 결정 안에 들어 있는 수분이 증발하므로 점토에 포함되어 있는 탄소가 산화되고 탄산염과 유산염이 분해되어서 건조된 점토와는 다른 물질인 토기가 된다.

토기를 만들 수 있게 되었다는 것은 불을 이용해 500℃ 이상의 고온을 만들어낼 수 있게 되었다는 것을 의미한다. 많은 양의 목재를 쌓아놓고 불을 지피면 이 정도의 고온은 쉽게 만들 수 있다. 그러나 그렇게 해서는 토기를 만들 수 없다. 원하는 온도를 장시간 유지해야 하고 토기의 모든 부분을 골고루 가열해야 하기 때문이다. 따라서 토기를 만들기 위해서는 가마를 만들어 그 안에 토기를 넣은 후 불을 때 가열해야 한다. 이것은 불을 효과적으로 다룰 줄 알아야 할 수 있는 일이다. 따라서 토기를 만들어 사용하기 시작했다는 것은 불을 잘 다룰 줄 알게 되었음을 의미한다.

평평한 곳에 설치된 밀봉하지 않은 가마에서는 온도를 700℃에서 850℃까지 올릴 수 있다. 신석기 시대에 만들어진 민무늬토기나 빗살무늬토기는 이런 가마에서 만든 토기로, 구울 때 산소가 차단되지 않아 표면이 산화되어 붉은색을 띠었다. 그러나 밀봉한 가마를 이용하면서 온도를 950℃까지 올릴 수 있게 되었다. 이 온도에서는 토기 표면에 피막이 형성되지 않아 손에 대면 흙이 묻어나는 연질토기가 만들어진다. 신석기 시대에 만들어진 토기들은 이런 연질토기였다. 우리나라에서도 기원전 1세기부터 이런 가마를 이용해 토기를 만들었다.

▪ 경남 창녕군 퇴천리에서 발견된 비화가야 시대 토기 가마터로 국내 최대 규모 가야 시대 토기 가마터이다. (ⓒ연합뉴스)

경사진 곳에 터널식으로 만든 가마를 이용하면서 온도를 1100℃까지 올릴 수 있게 되었다. 온도가 1100℃ 이상 오르면 점토 속에 들어 있던 산화알루미늄과 규산이 견고한 결정으로 바뀐 도질토기가 만들어진다. 도질토기는 점토 속에 들어 있던 산화알루미늄과 규산 등이 용융되어 밖으로 흘러나와 토기의 표면에 피막을 형성하기 때문에 표면이 묻어나지 않고 광택이 난다. 우리나라에서는 3세기 후반 낙동강 하류 지역에서 도질토기를 생산하기 시작했고, 4세기 초에는 가야, 백제, 신라에서도 생산하였다. 고려 시대에는 초벌구이를 한

■ 민무늬토기   ■ 빗살무늬토기

토기에 유약을 발라 구워 만든 도기가 생산되었다.

처음에는 투박한 모양의 토기가 만들어졌지만 차츰 여러 가지 무늬를 넣은 세련된 모양의 토기가 만들어졌다. 토기 제작 기술의 발전과 함께 예술적 감각도 발전한 것이다. 신석기 시대 초기에는 무늬가 없는 민무늬토기나 토기 입구 둘레에 덧무늬가 그려진 덧무늬토기가 주로 만들어졌다. 모래가 섞여 있는 흙으로 만들어 표면이 거칠고 흡수성이 강했던 초기의 민무늬토기는 단조로운 문양이 가끔 있을 뿐 대체로 무늬가 없고 두꺼웠다. 덧무늬토기는 띠를 지그재그 식으로 배열한 것과 돋은 평행선 바깥쪽에 팥알처럼 돋은 점열을 한 줄씩 배치한 것 등이 있었다.

돌로 만든 석기가 집을 짓는 건축과 경작 그리고 수렵의 도구였다면 토기는 수확한 곡물을 저장하거나 운반하고 조리하는 데 사용되었다. 인류가 수렵과 채취에 의존하던 생활로부터 농경 정착 생활로 생활방식이 바뀌면서 전보다 더 많은 식물성 식품의 섭취가 늘어났다.

토기를 만들어 사용하기 이전에는 식품을 날 것으로 먹거나 구워 먹었다. 그러나 토기를 만들어 사용하게 되면서 삶아 먹거나 쪄서 먹는 것이 가능하게 되었다. 따라서 먹을 수 있는 동물과 식물의 종류가 크게 늘어났다. 이것은 인류가 토기를 사용하면서부터 불을 식생활에 더 효과적으로 사용할 수 있게 되었다는 것을 의미한다. 불을 이용해 도구를 제작하고 음식물을 조리해 먹게 되면서 사람들이 살아가는 방식이 크게 바뀌기 시작했고, 이는 인류 문명의 비약적인 발전으로 이어졌다.

청동기 시대

인류는 기원전 9000년경부터 자연에서 발견되는 순수한 구리를 두드려 펴서 간단한 형태의 도구를 만들어 사용했다. 산화물 형태로 발견되는 대부분의 다른 금속들과 달리 구리는 순수한 구리 덩어리로도 발견되기 때문에 인류가 가장 먼저 사용할 수 있었다. 자연에서 발견되는 순수한 구리를 이용하여 도구를 만들어 사용하던 시기를 동기 시대라고 부르는 사람들도 있다. 그러나 순수한 구리는 너무 연해 도구로 사용하기에는 적당하지 않았다.

기원전 7500년경부터는 구리가 포함되어 있는 광석을 불로 가열하여 구리를 얻어내는 방법을 알아냈다. 구리에 주석을 섞은 합금을 청동, 구리에 아연을 섞은 합금을 황동이라고 한다. 그러나 일반적으로는 구리에 아연을 제외한 다른 금속들이 섞여 있는 합금을 통칭해서 청동이라고 부른다. 구리 광석을 가열하여 구리를 추출하는 과정에서는 구리에 섞여 있는 다른 금속을 분리해 낼 수 없었으므로 자연히 여러 가지 금속이 포함된 청동을 사용하게 되었다. 따라서 구리 광석의 종류나 생산지에 따라 청동에 함유된 주석을 비롯한 다른 금속들의 함유량이 달랐다.

녹는점이 1085℃인 순수한 구리에 비해 950℃에서 녹는 청동은 가공이 용이하면서도 단단하고 녹도 잘 슬지 않았기 때문에 도구로 사용하기에 적당했다. 그러나 청동의 주요 성분인 주석의 생산지가 한정되어 있어 청동기가 널리 사용되지는 못했다. 따라서 주석이 생산되지 않는 지역에서는 구석기 시대에서 청동기 시대를 생략하고 철기 시대로 건너뛰기도 했다. 청동기는 생활도구나 무기로도 사용되기는 했지만 대부분 권위를 상징하는 장식용이나 의식용 또는 제기 용도로 사용되었다.

우리나라에서도 기원전 2000년 이전부터 청동기를 사용했다. 우리나라의 대표적인 청동기 유물은 비파형 동검이다. 악기인 비파를 닮았다 하여 비파형 동검이라는 이름이 붙여진 이 동검은 주로 만주의 랴오닝 지역과 우리나라 전역에서 발굴되는 고조선 시대의 대표적인 유물이다. 비파형 동검은 그 모양으로 보아 무기로 사용하기 위해 만든 것이라기보다는 의식이나 장식용으로 사용했던 것으로 보인다.

청동기가 널리 사용되었다는 것은 이 시기에 인류가 불을 다루는 기술이 크게 발전했다는 것을 나타낸다. 금속을 다루는 기술과 함께 높은 온도를 만들어내는 기술이 없이는 청동기를 제작할 수 없기 때문이다. 그러나 아직 철의 녹는점인 1538℃의 높은 온도를 만들어낼 수는 없었다. 구리보다 훨씬 흔하게 분포해 있는 철을 이용하게 된 것은 공기를 불어 넣는 풀무와 숯을 이용해 높은 온도를 만들 수 있게 된 후의 일이다.

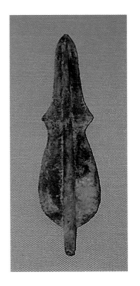

■ 고조선 시대의 대표적 청동기 유물인 비파형 동검

철기 시대

반응성이 큰 철은 순수한 철의 형태로 발견되지 않고 산소와 결합되어 있는 산화물 형태로 발견되기 때문에 철광석을 녹일 수 있는 높은 온도를 만들어낼 수 있기까지는 사용되지 않았다. 철의 야금법이 처음 등장한 것은 기원전 1500년경 현재의 터키 지방에 해당되는 지역에 있던 히타이트 왕국에서였다.

처음에는 숯을 이용해 만든 높은 온도에서 철광석을 처리하여 철을 얻어냈는데, 이 방법으로는 1000℃ 정도의 온도밖에 만들어낼 수 없었으므로 많은 기포를 포함하고 있는 다공성 해면철밖에 만들 수 없었다. 해면철을 가열하고 두드리는 과정을 반복하여 불순물을 제거한 다음 숯을 이용해 높은 온도로 가열하여 적당한 양의 탄소를 흡수시켜 단단한 연철을 만들었다. 연철을 영어에서는 wrought iron 이라고 하는데 이 말은 많은 일을 해서 만든 철, 다시 말해 오래 두드려서 만든 철이라는 의미를 가지고 있다. 철광석에 코크스를 첨가하여 철이 녹는 온도까지 가열할 수 있는 용광로를 이용하여 탄소를 1.7% 이상 함유하고 있는 선철을 만들 수 있을 때까지는 이 방법이 널리 사용되었다.

기원전 1000년경부터 철의 야금법이 세계 각지로 전해지면서 본격적인 철기 시대가 시작되었다. 청동의 재료인 주석이 제한적인 지역에서만 발견되는 것과는 달리 철광석은 세계 곳곳에 분포해 있었을 뿐만 아니라 철기는 청동기보다 단단해 더 우수한 무기를 만들 수 있었다. 따라서 청동기가 빠르게 철기로 대체되었다.

우리나라에서는 기원전 300년경부터 철기를 사용하기 시작한 것으로 알려져 있다. 2세기경에는 우리나라 남부 지방에서 생산된 철과 철제품들이 동북아의 여러 나라들로 수출되었다. 3세기에 중국 서진의 역사가 진수(233~297년)가 편찬한 역사서인 『삼국지』중 한반도의 상황을 설명하는 '동이전 · 한전'에는 진한과 변한을 설명하는 부분에 "나라에서 철이 생산된다. 마한과 예, 왜가 이곳에서 철을 가져갔고 낙랑에도 공급했다. 시장에서는 돈을 사용하는 것처럼 철을 거래의 수단으로 삼는다."라는 내용이 실려 있다.

이 기록에 언급되어 있는 나라가 신라의 전신인 진한을 가리키는

■ 철기 시대에 사용된 덩이쇠의 모습 (ⓒ연합뉴스)

것인지 금관가야의 전신인 변한을 가리키는 것인지에 대해서는 아직도 학계에서 논란 중에 있지만, 우리나라 남부가 중요한 철의 생산지로 주변국들에게 철을 공급했던 것은 확실하다.

1969년 9월에 시작되어 1994년까지 6차례에 걸쳐 발굴된 가야 시대에 조성된 것으로 보이는 부산 복천동 고분에서는 다양한 철제 공구와 무기가 발굴되어 당시의 발전된 제철 기술을 잘 보여주고 있다. 복천동 고분에서 발굴된 유물들 중에는 도끼, 손칼, 낫, 철사, 망치 등의 공구와 창, 화살촉, 판갑옷, 비늘 갑옷, 투구, 말안장, 재갈, 발걸이, 덩이쇠 등이 포함되어 있다. 이 유물들은 가야의 제철 기술이 매우 뛰어났었다는 것을 잘 알려주고 있다. 특히 철제품을 만드는 재료로 사용되던 덩이쇠가 많이 발굴된 것은 이 지역이 철제품을 대량으로 생산하는 지역이었음을 나타내고 있다.

현대 문명의 불, 전기

　산업혁명을 가능하게 한 핵심적인 기술은 증기기관이었지만 증기기관의 발명을 가능하게 한 것은 석탄이었다. 석탄이 사용되기 전까지는 금속 농기구나 무기를 만들 때 숯을 사용하였다. 그러나 1709년 영국의 아브라함 다비가 코크스를 발명해 석탄을 이용한 제철 기술을 개발하면서 석탄의 수요가 급격하게 증가되었다. 이에 따라 석탄을 채굴하기 위한 갱도가 점점 더 깊어지자 갱도 안에 고인 지하수를 처리하는 것이 큰 문젯거리로 등장했다.

　처음에는 말을 이용하여 물을 퍼냈으나 차츰 증기기관이 이 일을 대신하기 시작했다. 광산의 물을 퍼내는 용도로 개발된 증기기관은 천을 짜는 방적기를 돌리고, 증기기관차나 증기선을 움직이는 데도 사용되기 시작했다. 석탄을 태워서 얻은 불을 사용하게 되면서 동물이나 사람의 힘으로 하던 일을 석탄으로 움직이는 기계가 대신하게 된 것이다.

　그러나 인류 문명은 1800년대 초에 또 한 번의 커다란 전환점을 맞이한다. 그때까지는 과학자들의 실험실 안에 갇혀 있던 전기가 세상으로 나와 세상을 바꿔놓기 시작한 것이다. 1820년에 덴마크의 물리학자 한스 크리스티안 외르스테드가 도선에 전류가 흐르면 주변에 자기장이 만들어진다는 것을 발견하기 전까지 전기와 자석은 아무 관계가 없는 것으로 생각했다. 그러나 외르스테드의 발견으로 자석도 전기가 만들어내는 성질이라는 것을 알게 되었다. 외르스테드

■ 전깃불이 밤을 밝히고 있는 홍콩의 야경 (ⓒ픽사베이)

의 발견이 계기가 되어 1831년에는 영국의 마이클 패러데이가 자기장의 변화가 전류를 발생시킨다는 전자기 유도법칙을 알아냈다.

전자기 유도법칙은 현재 가동 중인 수력 발전소, 화력 발전소, 원자력 발전소를 포함한 대부분의 발전소에서 사용하고 있는 발전기가 작동하는 원리이다. 패러데이의 전자기 유도법칙을 이용하여 많은 양의 전류를 손쉽게 만들어낼 수 있게 되자 과학자들의 실험실에서 실험용으로만 사용되던 전기가 실험실 밖으로 나와 세상을 바꿔놓기 시작했다.

현대 문명은 전기 에너지를 이용하는 문명이라고 할 수 있다. 전기 에너지는 새로운 에너지원이 아니라 석탄이나 석유와 같은 화석 에너지, 물이 가지고 있는 중력에 의한 위치 에너지, 원자핵 에너지, 태양 에너지와 같은 다른 형태의 에너지를 변환한 에너지이므로 전기 에너지 시대라는 말을 사용하지는 않는다. 그러나 현대 문명에서는 대부분의 에너지를 전기 에너지로 전환하여 사용하고 있다. 따라서 새로운 에너지원을 개발한다는 것은 전기 에너지로 전환할 수 있는 새로운 에너지원을 찾아낸다는 의미라고 할 수 있다.

인류에게 불을 전해준
프로메테우스

그리스 신들의 계보는 매우 복잡하다. 우리에게 알려진 신들은 주로 제우스를 중심으로 한 올림포스의 신들이다. 그러나 올림포스의 신들 이전에도 신들이 있었다. 이들을 티탄족 신들이라고 한다. 하늘의 신인 우라노스와 땅의 신인 가이아가 낳은 6명의 아들과 6명의 딸들이 티탄들이다. 가이아의 사주를 받은 막내아들 크로노스가 아버지 우라노스를 몰아내고 세상을 지배했으며, 크로노스의 아들이었던 제우스 역시 아버지에게 반기를 들고 '거인족들의 전쟁(티타노마키아)'을 일으켜 티탄들을 지하세계인 타타로스에 감금하고 봉인해 버린 후 세상을 지배했다.

프로메테우스는 크로노스의 형제인 이아페투스의 아들로 거인족들의 전쟁에서는 사촌 관계인 제우스의 편을 들었다. 따라서 전쟁이 끝난 후 12명의 올림포스 주신 바로 아래 등급의 신으로 남을 수 있었다. 제우스를 속이고 인간을 도와주는 일을 했던 프로메테우스는 불을 훔쳐 인간에게 전해주었다. 프로메테우

스가 전해준 불을 이용해 번창할 수 있었던 인간들은 프로메테우스를 신으로 숭배했다.

그러나 불을 훔쳐내 인간에게 전해준 프로메테우스를 용서할 수 없었던 제우스는 힘의 신인 크라토스를 시켜 그를 코카서스의 바위산에 묶어 놓고, 매일 독수리에게 간을 쪼아 먹히는 고통을 받게 했다. 불사신이었던 프로메테우스는 간이 매일 재생했기 때문에 계속 고통을 받아야 했다. 프로메테우스가 이런 심한 형벌을 받았던 것은 불을 훔쳐냈을 뿐만 아니라 제우스도 언젠가 할아버지 우라노스나 아버지 크로

■ 인간에게 불을 전해준 벌로 매일 독수리에게 간을 쪼아 먹혀야 했던 프로메테우스(귀스타브 모로, 프로메테우스, 1868년 작)

노스와 같이 아들에게 쫓겨나는 신세가 될 것이라고 악담을 했기 때문이었다.

3000년 동안이나 독수리에게 간을 쪼아 먹히는 고통을 받고 있던 프로메테우스는 영웅 헤라클레스에 의해 구출되었다. 제우스와 미케네 왕국의 공주로 유부녀였던 알크메네 사이에서 태어나 초인적인 힘과 불굴의 정신을 지녔던 헤라클레스는 프로메테우스의 간을 쪼아 먹던 독수리를 죽이고, 프로메테우스를 묶고 있던 사슬을 풀어주었다. 헤라클레스의 영웅적 행동을 좋아했던 제우스도 프

로메테우스를 용서했다.

　제우스가 인간에게 불을 주지 못하도록 한 것은 무엇 때문이었을까? 인간이 불을 이용해 신에게 도전할 수 있을 정도로 놀라운 문명을 발전시킬 것을 알고 있었기 때문이 아니었을까? 그리고 프로메테우스가 벌을 받을 것을 알면서도 인간에게 불을 전해준 것은 또 무엇 때문이었을까? 인간으로 하여금 불을 이용해 절대 권력을 휘두르는 제우스를 몰아내려고 했던 것은 아니었을까? 불을 이용하기 시작한 인류가 문명을 발전시키자 제우스가 다스리던 신들은 어디에서도 찾아볼 수 없게 되었으니 결국 프로메테우스가 목적을 달성한 것은 아닐까?

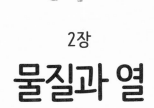

2장

물질과 열

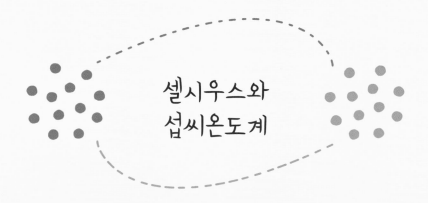

셀시우스와
섭씨온도계

사람들이 가장 많은 관심을 보이는 뉴스는 일기예보이다. 기상청의 일기예보가 잘 맞지 않는다고 불평을 하는 사람들도 매일 일기예보를 확인한다. 하루나 이틀 또는 일주일 후에 비가 올 것인지를 확인하기 위해 일기예보를 보기도 하지만, 얼마나 더울지 그리고 얼마나 추울지를 확인하기 위해 일기예보를 보기도 한다. 우리나라에서는 춥고 더운 정도를 나타내는 온도를 섭씨온도를 이용해 측정한다.

섭씨온도는 누가 처음 고안했으며 무엇을 기준으로 만들었을까? 오늘날 가장 널리 사용되는 섭씨온도계를 만든 사람은 스웨덴의 안데르스 셀시우스였다. 1701년 스웨덴의 웁살라대학 천문학 교수의 아들로 태어난 셀시우스는 웁살라대학을 졸업한 후 1730년에 아버지가 근무하고 있던 웁살라대학의 천문학 교수가 되었다. 여행을 좋아했던 셀시우스는 교수가 된 후 유럽 전역을 두루 여행하면서 여러 나라의 천문대를 방문하고 견문을 넓혔다. 그는 또한 북극 탐험대에 참가하여 북극의 오로라를 216번이나 관측하고, 오로라가 지구 자기장의 변화와 관계 있다는 것을 밝혀내기도 했다.

셀시우스는 1736년에 위도 1° 사이의 거리가 극지방과 적도 지방에서 어떻게 다른지를 측정하기 위한 프랑스 과학아카데미 탐사대의 일원으로 극지방을 탐사해 적도 부근과 극지방에서의 위도 1° 사이의 거리 차이가 완전한 구인 경우보다 짧다는 것을 확인했다. 이는 지구가 완전한 구가 아니라 적도 반지름이 극반지름보다 긴 타원체라는 것을 의미했다. 역학적 분석을 통해 지구의 자전으로 적도가 부풀어올라 있을 것이라고 했던 아이작 뉴턴의 예측을 셀시우스의 탐사

■ 안데르스 셀시우스(Anders Celsius, 1701~1744년) (출처 : 위키백과)

대가 측정을 통해 확인한 것이다. 셀시우스는 측정결과를 모아 1741년에 〈지구의 모양을 결정하는 관측〉이라는 제목의 논문을 발표했다. 이러한 연구결과로 명성을 얻는 그는 정부의 재정 지원을 받아 웁살라 천문대를 설치하고 초대 천문대장을 지냈다.

오늘날에는 천문학과 기상학이 다른 분야로 분리되어 있어 천문학자들이 기후의 변화를 다루는 기상학 연구를 하지 않지만 18세기에는 천문학자들이 기상학에 대한 연구도 했다. 따라서 천문학자였던 셀시우스도 기상을 관측해서 기록하는 일을 했다. 기상 관측을 하면서 온도를 정확히 측정할 필요가 있다고 생각한 셀시우스는 자연에서 일어나는 현상을 기준으로 하는 온도계를 만들기로 했다. 그가 선택한 것은 물의 끓는점과 어는점이었다. 그는 물이 끓는 온도를 0도로 하고, 물이 어는 온도를 100도로 하는 온도계를 만들었다.

셀시우스가 눈금이 거꾸로 되어 있는 수은 온도계를 만든 것은 그가 폐결핵으로 42세에 세상을 떠나기 2년 전인 1742년이었다. 그가 세상을 떠난 후 식물학자로 근대적인 생물 분류체계를 만든 카를 린나우스는 물이 어는 온도를 0도, 끓는 온도를 100도로 바꾸었다. 이 온도계가 우리가 일반적으로 사용하는 섭씨온도계이다. 이 온도를 섭씨온도라고 부르는 것은 중국에서 셀시우스를 섭이사(攝爾思)라고 표기했기 때문이다. 따라서 섭씨온도라는 말은 올바른 표기라고 할 수 없지만 널리 사용되어 굳어졌으므로 표준어로 자리 잡게 되었다. 영어에서는 섭씨온도를 셀시우스 온도라고도 하지만 백분율 온도(centigrade)라고도 부른다. 물의 어는점과 끓는점 사이를 100등분 한 온도라는 뜻이다.

그렇다면 온도란 무엇을 측정하는 것일까? 왜 어떤 물체는 뜨겁게 느껴지고 어떤 물체는 차갑다고 느껴질까? 열이란 무엇이며, 인류 문명에 큰 영향을 준 불은 열과 어떤 관계가 있는 것일까?

열과 엔트로피는 처음이지?

열운동과 내부 에너지

어떤 물체를 만지면 차갑고 어떤 물체를 만지면 뜨겁다. 우리는 일상생활을 하면서 뜨겁고 차가운 것을 늘 느끼면서 살아가고 있기 때문에 뜨겁다는 것이 무엇인지, 그리고 차갑다는 것이 무엇인지 잘 알고 있다고 생각한다. 그러나 뜨겁게 느끼도록 하는 것과 차갑게 느끼도록 하는 것이 무엇인지를 과학적으로 설명하는 일은 그렇게 간단하지 않다.

뜨겁다는 것과 차갑다는 것의 과학적 의미를 이해하기 위해서는 우선 물질의 구조를 알아야 한다. 우리 주변에 있는 모든 물질은 원자로 이루어져 있다. 현재까지 발견된 원자의 종류는 118가지이다. 이 118가지의 원자들이 여러 가지 방법으로 결합하여 세상을 이루는 수없이 많은 종류의 분자들을 만든다. 원자나 분자들이 때로는 규칙적으로 때로는 불규칙하게 배열하여 만들어진 것이 우리 주위의 물체들이다.

대부분의 기체는 두 개 또는 그 이상의 원자들로 구성된 분자들로 이루어져 있다. 그러나 헬륨과 같이 다른 원자들과 화학결합을 잘 하지 않는 기체는 원자들로만 이루어져 있다. 고체의 경우에도 원자들이 규칙적으로 배열되어 이루어진 고체도 있지만 분자들이 결합하여 만들어진 고체도 있다. 물질을 이루고 있는 알갱이들을 이야기할 때 '원자나 분자'라고 이야기하는 것은 이 때문이다. 열과 관련된 이야기를 하다 보면 원자나 분자를 통칭해서 입자라고 이야기할 때도 있다.

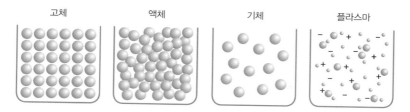

| 고체 | 액체 | 기체 | 플라스마 |

■ 모든 물질은 고체, 액체, 기체, 그리고 플라스마의 네 가지 상태 중 하나로 존재한다.

물체를 이루고 있는 입자들이 일정한 방향으로 일정한 거리만큼 떨어져 배열되어 있는 것이 고체이다. 따라서 고체는 모양이나 부피가 잘 변하지 않는다. 분자나 원자 사이의 거리는 거의 일정하지만 배열 방향은 쉽게 변할 수 있는 것이 액체이다. 액체의 부피는 거의 일정하게 유지되지만 모양은 쉽게 변하는 것은 이 때문이다. 고체나 액체의 경우와는 달리 기체를 이루고 있는 원자나 분자들은 서로 결합되어 있지 않고 공간을 자유롭게 날아다닌다. 따라서 기체에는 일정한 부피와 모양이 없다. 기체를 이루는 원자나 분자가 전하를 띠고 있는 것을 플라스마라고 한다. 고체, 액체, 기체 그리고 플라스마를 물질의 네 가지 상태라는 의미에서 물질의 4태라고 한다.

그런데 물질을 이루는 원자나 분자들은 절대 0도가 아닌 온도에서는 정지해 있는 것이 아니라 계속 움직이고 있다. 기체뿐만 아니라 액체나 고체를 이루고 있는 원자나 분자들도 활발하게 운동하고 있다. 액체 분자들은 진동 운동을 하면서 일부 회전 운동도 하고 있고, 고체 분자들은 주로 진동 운동을 하고 있다.

물질을 이루고 있는 분자들이 이렇게 활발하게 운동하고 있는 데

도 물체가 움직여 가지 않는 것은 분자
들의 운동 방향이 모두 다르기 때문이
다. 다시 말해 분자들이 무작위한 방향
으로 운동하고 있어 전체 운동을 평균
하면 질량 중심의 운동이 0이 된다. 이
같이 물질을 이루는 분자들의 무작위
한 운동을 열운동이라고 한다.

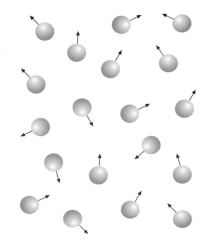

외부에서 물체에 힘을 가해 물체를
움직이는 경우 물체를 이루는 모든 분
자들이 같은 방향으로 움직여 간다. 이
런 운동을 병진 운동이라고 한다. 우리

■ 물질을 구성하는 입자들의 무작위한 운동이 열
운동이다.

가 보통 운동이라고 할 때는 물체 전체가 이동해 가는 병진 운동을
말한다.

운동장에 많은 학생들이 뛰어놀고 있다고 생각해보자. 학생들이
잠시도 쉬지 않고 이리저리 뛰어다니고 있지만 시간이 지나도 학생
들은 다른 곳으로 움직여 가지 않고 운동장에 골고루 흩어져 있다.
이렇게 학생들이 자유롭게 뛰어 놀고 있는 운동이 열운동에 해당된
다. 그러나 선생님이 나와 호각을 불어 학생들을 정렬시킨 다음 한
방향으로 행진하게 하면 학생들 전체가 움직여 간다. 이런 운동이 병
진 운동이다.

대부분의 경우에는 한 물체 안에서 열운동과 병진 운동이 동시에
일어난다. 많은 사람들이 타고 있는 기차가 달리는 것을 예로 들어보

자. 기차가 빠르게 달리는 동안에 기차 안에 타고 있는 사람들은 이리저리 돌아다니기도 하고, 몸을 굽히거나 뻗기도 하며, 팔다리를 움직이기도 한다. 기차와 기차에 타고 있는 사람들이 모두 한 방향으로 달려가는 것은 병진 운동에 해당하고, 기차 안에 타고 있는 사람들이 이리저리 움직이는 운동은 열운동에 해당한다.

우리가 자주 사용하는 운동 에너지라는 말은 물체 전체가 이동해 가는 병진 운동에 의한 에너지를 말한다. 그렇다면 열운동에 의한 에너지는 무엇이라고 부를까? 열운동에 의한 에너지는 열에너지라고 부르기도 하지만 내부 에너지라고 부르기도 한다. 내부 에너지는 물체가 가지고 있는 위치 에너지, 전기 에너지, 원자핵 에너지 등 여러 가지 에너지를 통틀어 지칭하는 말이지만 열 현상을 이야기할 때는 다른 에너지들이 일정하게 유지되는 경우가 많아 주로 열운동에 의한 에너지만을 이야기한다. 그러나 열역학에서는 중력에 의한 위치 에너지나 상태 변화와 관련된 물리 화학적 에너지를 내부 에너지에 포함시키는 경우도 있다.

물질의 양이 일정할 경우 열운동에 의한 내부 에너지는 온도에 비례한다. 온도가 높다는 것은 물체를 이루는 분자들이 활발하게 운동하고 있어 내부 에너지가 높음을 의미하고, 온도가 낮다는 것은 분자들이 천천히 운동하고 있어 내부 에너지가 낮음을 의미한다. 우리가 온도를 측정하는 것은 내부 에너지 크기를 측정하는 것이다.

병진 운동하고 있는 물체의 운동 에너지가 질량에 비례하고 속력의 제곱에 비례한다는 것은 잘 알려진 사실이다. 다시 말해 속력이 2배가 되면 운동 에너지는 4배가 되고, 속력이 3배가 되면 운동 에너지는 9배가 된다. 열운동의 경우에는 내부 에너지가 분자들의 평균 속력의 제곱에 비례한다. 따라서 내부 에너지는 온도에 비례하므로 분자들의 평균 속력이 2배가 되면 절대온도가 4배가 된다.

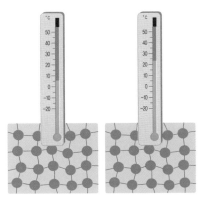

■ 온도는 열운동에 의한 내부 에너지의 크기를 나타낸다.

우리가 물체를 만졌을 때 뜨겁다고 느끼는 것은 그 물체를 이루고 있는 입자들의 활발한 운동이 우리에게 전해져서 온도를 감각하는 세포를 크게 자극하기 때문이다. 반대로 차갑게 느끼는 것은 우리 몸을 구성하고 있는 분자들이 느리게 운동하는 물체의 분자들에게 에너지를 빼앗겨 천천히 움직이게 되기 때문이다.

불이란 무엇일까?

인류의 역사를 연구하는 사람들은 인류가 언제부터 불을 사용했는지를 매우 중요하게 생각한다. 인류 문명은 불을 사용하면서부터 시작되었다고 생각하기 때문이다. 그러나 열과 관련된 현상을 다루는 과학책에는 불에 대해서 다룬 내용을 찾아보기 어렵다. 열역학에서는 불이라는 말 대신 열이라는 말을 주로 사용한다. 그것은 불이라는 말보다 열이라는 말이 과학적으로 적절한 용어이기 때문이다.

우리는 앞에서 온도가 높다는 것은 물체를 이루는 분자들의 열운동이 활발하다는 의미라고 했다. 그런데 물체를 이루는 분자들이 열운동을 하면 전자기파를 방출한다. 온도가 낮을 때는 적외선과 같이 파장이 긴 전자기파를 주로 방출하고, 온도가 높아지면 가시광선이나 자외선과 같이 파장이 짧은 전자기파를 주로 방출한다. 우리는 온도가 낮은 물체가 내는 적외선은 볼 수 없지만 온도가 높은 물체가 내는 가시광선은 볼 수 있다.

우리 주위에 있는 물체들은 온도가 낮기 때문에 파장이 긴 적외선을 주로 방출한다. 적외선만을 내는 온도가 낮은 물체를 우리가 볼 수 있는 것은 이 물체들이 외부에서 오는 가시광선을 받아 반사하기 때문이다. 외부에서 오는 가시광선이 없는 밤에는 온도가 낮은 물체를 볼 수 없다. 그러나 온도가 높아져 약 3000℃ 정도에 이르면 우리 눈에 보이는 전자기파인 가시광선을 방출하기 시작하고, 온도가 6000℃에 이르면 모든 색깔의 가시광선을 방출한다. 우리 눈은 온도가 6000℃인 물체가 내는 모든 색깔이 섞여 있는 전자기파를 색깔이 없는 환한 빛으로 인식한다. 우리 눈이 표면 온도가 6000℃인 태양이 내는 전자기파를 환한 빛으로 인식하도록 진화되었기 때문이다.

그러나 온도가 더 높아지면 푸른색의 전자기파를 내다가 자외선 영역으로 넘어간다. 물체가 내는 전자기파의 파장과 세기가 온도에 따라 달라지는 것을 나타내는 그래프가 흑체복사 그래프이다.

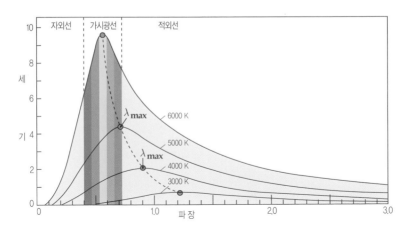

■ 흑체복사 그래프

　물체가 내는 전자기파 중에서 외부에서 빛을 받아 반사하는 반사광을 제외하고 물체가 내는 복사광의 세기가 파장에 따라 어떻게 달라지는지를 나타내는 것이 흑체복사 그래프이다. 흑체복사 그래프는 파장이 짧을 때는 세기가 약하다가 파장이 길어짐에 따라 세기가 증가해 특정한 파장에서 세기가 최댓값을 갖고, 그보다 파장이 길어지면 다시 세기가 약해진다. 이때 세기가 최댓값을 가지는 파장은 온도에 따라 달라진다. 온도가 낮을 때는 긴 파장에서 전자기파의 세기가 최대가 되고, 온도가 높을 때는 짧은 파장에서 세기가 최대가 된다. 따라서 흑체복사 그래프를 보면 그 전자기파를 낸 물체의 온도를 알 수 있다. 아주 멀리 떨어져 있는 별이 내는 전자기파의 파장에 따른 세기의 변화를 측정하면 그 별의 온도를 알 수 있다.

　우리는 눈에 보이는 가시광선을 내는 물체를 불이라고 부른다. 물체가 타면서 일렁이는 불꽃, 붉은빛을 내는 쇳물, 화산에서 흘러나오는 뜨거운 용암은 모두 가시광선을 내는 불이다. 그러나 때로는 물체를 이루고 있는 분자들이 산소와 결합하는 산화 작용을 통해 열을 방출하여 온도가 높게 일렁이는 불꽃만을 불이라고 하기도 한다.

일렁이는 불꽃은 높은 온도로 가열된 기체가 가시광선을 낼 때 만들어진다. 다시 말해 높은 온도의 기체가 타면서 가시광선을 낼 때 그것을 불꽃이라고 부른다. 액체나 고체를 태울 때도 불꽃이 만들어지는 것을 본 사람들은 이런 설명에 의아해할 것이다. 그러나 고체나 액체가 탈 경우에도 온도가 높은 액체나 고체의 표면에서 증발한 기체가 타면서 가시광선을 낸다.

따라서 인류가 불을 사용하기 시작했다는 것은 나무나 풀을 태워 높은 온도를 만든 다음 이 열을 이용하여 음식을 익혀 먹었다는 의미가 된다. 마찬가지로 인류가 불을 이용하여 도자기를 만들고 청동기기와 철기를 만들었다는 것은 목재나 숯과 같은 연료, 그리고 가마나 풀무와 같은 도구를 이용해 높은 온도의 열을 발생시켜 사용했다는 것을 의미한다.

온도의 측정

물체의 온도를 측정하는 방법에는 여러 가지가 있다. 가장 오래전부터 사용하던 방법은 온도에 따라 부피가 변하는 것을 이용하여 온도를 측정하는 방법이었다. 온도계를 처음 고안한 사람은 이탈리아의 갈릴레오 갈릴레이(1564~1642년)였다. 갈릴레이는 1592년에 온도가 올라가면 기체의 부피가 늘어나는 성질을 이용하여 온도를 측정하는 온도계를 고안했다. 그러나 이 기체 온도계는 온도를 나타내는 눈금이 없어 온도를 정확하게 측정하는 것은 불가능했고, 온도가 올라가고 내려가는 것만을 측정할 수 있었다. 기체의 부피는 온도에 따라 달라질 뿐만 아니라 압력에 따라서도 달라지기 때문에 기체는 온도를 측정하는 용도로 적당하지 않았다.

1700년대 초에는 네덜란드의 물리학자로 전기를 저장하는 라이덴병을 발명하여 전기에 대한 연구에 크게 공헌한 피테르 판 뮈스헨부르크가 금속의 팽창을 이용하여 높은 온도를 측정하는 온도계를 고안하기도 했다. 그러나 고체의 경우에는 온도에 따른 길이의 변화가 작아 정밀한 온도를 측정하는 데 어려움이 있었다.

기체나 고체 대신 액체의 부피 변화를 이용하여 온도를 측정하는 온도계가 발명되면서 정확한 온도 측정이 가능하게 되었다. 액체의 부피도 압력에 따라 변하기는 하지만 변화 정도가 아주 작기 때문에 액체의 부피는 온도에 의해서만 달라진다고 할 수 있다. 처음에는 물의 부피가 변하는 것을 이용해 온도를 측정하는 물 온도계를 만들려고 시도했다. 그러나 물의 부피는 온도가 내려가면 작아지다가 4℃ 이하에서는 오히려 부피가 증가하기 때문에 온도계를 만드는 물질로 사용하기에는 적당하지 않다는 것을 알게 되었다.

따라서 우리가 일상생활을 하는 온도에서 액체 상태로 존재하는 알코올이나 수은을 이용한 온도계를 만들려고 시도하는 사람들이 나타났다. 액체를 이용한 온도계를 처음 만든 사람은 독일의 물리학자이자 기상학자로 주로 영국과 네덜란드에서 활동했던 다니엘 가브리엘 파렌하이트(1686~1736년)였다. 파렌하이트는 1709년에 알코올을 이용한 온도계를 만들었고, 1714년에 수은을 이용한 온도계를 만들었다. 온도계를 만들 때는 사용하는 액체의 종류도 중요하지만 그보다는 눈금을 어떻게 정하느냐 하는 것이 더 중요하다.

파렌하이트는 포화 소금 수용액이 어는 온도를 0도로 잡았고, 물이 어는 온도를 30도로 정했다. 그렇게 하면 우리가 활동하는 상태의 온도를 모두 음수가 아닌 양수로 나타낼 수 있었기 때문이다. 이 온도계로 측정한 사람의 체온은 90도였다. 하지만 후에 물이 어는 온도가 32도, 사람의 체온이 96도가 되도록 바꾸었다가 다시 체온이 98.6도가 되도록 바꾸었다. 그 결과 오늘날 사용되고 있는 화씨온도계가 만들어졌다. 현재 사용되고 있는 화씨온도계에서는 물이 어는 온도가 32°F이고, 물이 끓는 온도가 212°F이다. 따라서 물이 어는 온도와 끓는 온도 사이가 180°F가 된다. 파렌하이트가 만든 온도계를 화씨온도계라고 부르는 것은 중국에서 파렌하이트를 화윤해특(華倫海特, 화룬하이터)이라고 표기했기 때문이다.

섭씨온도와 화씨온도는 0도로 잡은 기준점이 다르고, 물의 어는점과 끓는점 사이의 눈금 수도 달라 한 온도를 다른 온도로 환산하기 위해서는 복잡한 계산을 해야 한다. 예를 들어 섭씨온도를 화씨온도로 환산하려면 섭씨온도 값을 5로 나눈 다음 9를 곱하고 거기에다

32를 더해야 한다. 따라서 암산으로 즉각 환산하는 것은 여간 어려운 일이 아니다. 화씨온도계는 미국을 비롯한 몇몇 나라에서 아직도 널리 사용되고 있다. 따라서 미국 방송의 일기예보에서는 모든 온도를 화씨온도로 이야기한다. 이런 일기예보를 보고 내일 추울지 더울지 알기 위해서는 머릿속에서 화씨온도를 섭씨온도로 바꾸는 계산을 열심히 해야 한다.

나는 오래전에 미국에서 만난 이집트 사람과 날씨 이야기를 한 적이 있다. 나는 우리나라의 날씨를 화씨온도로 환산해 가면서 이야기해 주었고, 그 사람이 이야기해 주는 화씨온도를 섭씨온도로 환산하면서 들어야 했다. 한참을 서로 이야기한 후 우리는 우리나라나 이집트 모두 섭씨온도를 사용한다는 것을 알고 한참을 웃었다. 그냥 이야기하면 될 것을 복잡한 환산을 두 번씩 하느라고 두 사람 모두 진땀을 흘렸던 것이다.

이 장의 서두에서 소개한 스웨덴의 셀시우스가 개발한 섭씨온도계는 물이 어는 온도를 0℃, 그리고 물이 끓는 온도를 100℃로 하는 온도계이다. 대부분의 국가에서는 섭씨온도 체계를 공식적인 온도로 사용하고 있다. 섭씨온도나 화씨온도는 과학적으로 특별한 의미를 가지지 않은 임의의 점을 기준점으로 선택했고 한 구간의 크기도 임의로 정했다. 따라서 섭씨온도와 화씨온도는 상대적으로 온도가 높고 낮은 것을 나타낼 수는 있지만 과학적 의미는 가지고 있지 않다.

과학적으로 의미 있는 절대온도 체계를 제시한 사람은 영국의 물리학자로 기사작위를 받은 후 켈빈이라는 이름으로 불린 영국의 물

■ 톰슨 켈빈(1824~1907년)
(출처 : 위키백과)

	K	℃	℉
물의 끓는점	373	100	212
물의 어는점	273	0	32
드라이 아이스 점	195	-78	-109
질소의 끓는점	77	-196	-320
절대 영도	0	-273	-460

■ 절대온도, 섭씨온도, 화씨온도의 비교

리학자 윌리엄 톰슨 켈빈이었다. 절대온도의 단위를 K라는 기호로 나타내는 것은 켈빈의 공로를 기리기 위한 것이다. 섭씨온도나 화씨온도의 단위에는 ℃나 ℉와 같이 도라고 읽는 °라는 기호를 추가하여 표기하지만 절대온도는 그냥 K라고만 표시한다.

절대온도 0K는 물체를 이루는 분자들의 열운동이 정지되는 온도이다. 절대온도 0K는 섭씨온도로는 -273.15℃이다. 따라서 0℃인 물의 어는점은 273.15K가 된다. 절대온도 1K의 간격은 섭씨온도 1℃의 간격과 같다. 따라서 섭씨온도에 273.15를 더하면 절대온도가 된다. 그러나 소수점 아래의 온도가 별로 중요한 의미를 가지지 않는 일상생활의 온도를 이야기할 때는 273.15 대신 273을 더해 섭씨온도를 절대온도로 바꾼다. 온도가 수천 도를 넘는 경우에는 273도 차이를 무시하고 절대온도를 섭씨온도로 나타내기도 하고, 섭씨온도를 절대온도로 나타내기도 하며, 때로는 그냥 도라는 단위로 나타내기도 한다. 특히 일반인들을 대상으로 하는 천문학 책에서 높은 온도를 이야기할 때는 섭씨온도와 절대온도를 구별하지 않는 경우가 많다. 절대온도에 대해서는 뒤에서 다시 자세히 이야기하게 될 것이다.

수은이나 알코올과 같은 액체를 이용하는 온도계로는 아주 낮은 온도나 높은 온도를 측정할 수 없다. 액체가 얼어버리거나 기화하여 버리기 때문이다. 따라서 높은 온도를 측정할 때는 열전쌍을 이용하여 온도를 측정한다. 열전쌍 온도계는 온도에 따라 전기적 성질이 달라지는 두 가지 다른 금속선을 연결해 놓고 두 접점 사이의 온도 차에 따라 발생하는 전류를 이용하여 온도를 측정한다.

열전쌍을 이용하여 측정할 수 있는 온도는 사용하는 금속의 종류에 따라 달라지는데 백금－백금로듐 열전쌍은 0℃에서 1450℃ 사이의 온도를 측정할 수 있고, 텅스텐－몰리브덴 열전쌍은 1000℃에서 2100℃ 사이의 온도를 측정하는 데 이용된다. 철－콘스탄탄 열전쌍을 이용하면 -200℃에서 1000℃ 사이의 온도를 측정할 수 있다.

최근에는 적외선 카메라도 온도 측정에 널리 사용되고 있다. 적외선 카메라는 물체가 내는 적외선의 파장 분포를 조사하여 물체의 온도를 알아낸다. 적외선 온도계를 적외선 카메라라고 하는 것은 물체의 각 지점에서 나오는 적외선을 측정해 알아낸 온도를 여러 가지 다른 색깔을 이용해 나타내면 온도

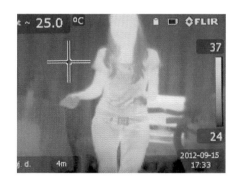

■ 적외선 사진을 찍으면 온도 분포를 알 수 있다. (ⓒ픽사베이)

분포가 사진처럼 보이기 때문이다. 병원에서는 적외선 카메라를 이용하여 우리 몸의 온도 분포를 알아내고 이를 이용하여 질병을 진단하기도 한다.

물질의 상태 변화와 온도

우리는 앞에서 모든 물질을 고체, 액체, 기체, 플라스마의 네 가지로 나눌 수 있다는 이야기를 했다. 이 중 우리 일상생활과 밀접한 관계를 가지는 것은 고체, 액체, 기체이기 때문에 플라스마는 그다지 중요하게 생각하지 않는 경우가 많다. 그러나 우주에는 플라스마가 가장 많이 존재한다. 태양계 전체 질량의 99% 이상을 차지하는 태양만 해도 양성자와 헬륨 원자핵, 그리고 전자로 이루어진 플라스마로 이루어져 있다. 태양에서 뿜어져 나오는 입자들로 이루어진 태양풍 역시 플라스마이다. 이런 플라스마는 지구 부근에서 지구 자기장과 상호작용하여 지구를 둘러싸고 있는 전리층을 형성하고 있다. 따라서 지구는 플라스마에 둘러싸여 있다고 할 수 있다.

고체, 액체, 기체의 경우에는 상태가 변하더라도 물질의 화학적 조성에는 변화가 없고 배열 상태만 달라진다. 이렇게 물질에 화학적 변화가 생기지 않고 배열 상태만 달라지는 것을 물리적 변화라고 한다. 물질이 고체, 액체, 기체 중 어떤 상태에 있는지를 결정하는 것은 온도이다. 대부분의 물질은 낮은 온도에서는 고체 상태에 있다가 온도가 올라가면 액체로 변하고, 더 온도가 높아지면 기체로 변한다. 고체 상태에서 액체 상태로 변하는 어는점이나 액체 상태에서 기체 상태로 변하는 끓는점은 물질의 종류에 따라 다르다.

물질에 열을 가하면 온도가 올라간다. 그러나 열을 가해주어도 온도가 올라가지 않는 경우가 있다. 이런 경우는 가해준 열이 물질의 온도를 변화시키는 대신 물질의 상태를 변화시키고 있을 때 나타난다. 물질의 상태가 변할 때는 열을 내놓거나 흡수한다. 물질의 상태가 변하는 동안 흡수하거나 내놓는 열을 잠열이라고 한다. 잠열의 크기는 상태 변화의 종류에 따라 부르는 이름과 크기가 다르고, 물질의 종류에 따라서도 다르다.

물을 예로 들어보자. 얼음은 고체 상태의 물이다. 얼음에 열을 가하면 얼음의 온도가 올라간다. 얼음의 온도가 0℃가 되어 얼음이 녹기 시작하면 얼음과 물이 섞여 있는 상태가 만들어진다. 얼음과 물이 섞여 있는 상태에서는 열을 가해도 온도가 올라가지 않는다. 외부에서 공급한 열이 고체인 얼음을 액체인 물로 바꾸는 데 사용되기 때문이다. 고체 상태에서 액체 상태로 변하는 것을 융해라고 하고, 이때 흡수하는 잠열을 융해열이라고 한다. 물은 0℃에서 언다. 이렇게 액체 상태에서 고체 상태로 변하는 것을 응고라고 하고 이때 방출하는 잠열을 응고열이라고 한다. 응고열과 융해열은 크기가 같다.

얼음이 모두 물로 변한 다음에 외부에서 열을 가하면 물의 온도가 올라간다. 그러나 물의 온도가 100℃에 이르면 물이 기체인 수증기로 변한다. 물이 수증기로 변하는 동안에도 열이 모두 물을 수증기

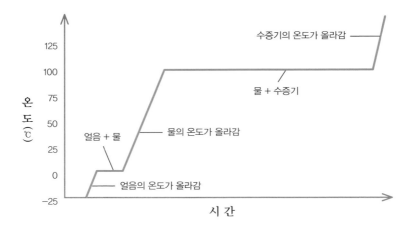

온
도
(℃)

125
100
75
50
25
0
−25

수증기의 온도가 올라감

물 + 수증기

얼음 + 물

물의 온도가 올라감

얼음의 온도가 올라감

시 간

■ 물의 온도와 상태 변화. 상태가 변하는 동안에는 열을 가해주어도 온도가 올라가지 않는다.

로 바꾸는 데 사용되기 때문에 온도가 올라가지 않는다. 액체 상태가 기체로 바뀌는 것을 기화라고 하고, 이때 흡수하는 잠열이 기화열이다. 기체 상태의 물질이 액체 상태로 바뀌는 것을 액화라고 하는데, 이때는 기화열과 같은 양의 열을 외부로 내놓는다. 물이 모두 수증기로 변한 다음 외부에서 열을 가하면 이제 다시 수증기의 온도가 올라간다.

물질에 따라서는 고체 상태에서 액체 상태를 거치지 않고 기체로 변하기도 하고, 기체 상태에서 액체 상태를 거치지 않고 고체로 변하기도 한다. 이런 변화를 승화라고 하는데 승화 시에 방출하거나 흡수하는 잠열을 승화열이라고 한다. 물질을 냉동 상태로 유지하는 데 자주 사용되는 이산화탄소가 언 드라이아이스는 고체에서 액체를 거치지 않고 직접 기체로 바뀌는 승화를 하는 대표적인 물질이다. 화성의 대기와 같이 압력이 낮은 경우에는 물이 언 얼음도 직접 수증기로 바뀌는 승화를 한다. 따라서 화성 표면에는 물이 언 얼음과 수증기는 있지만 액체 상태의 물은 없다.

물질의 상태가 변하는 온도는 압력에 따라 다르다. 압력이 높은 경우에는 끓는 온도가 높아지고 압력이 낮은 경우에는 끓는 온도가 낮아진다. 기압이 낮은 높은 산 위에 올라가면 물이 100℃보다 낮은 온도에서 끓어 설익은 밥이 되는 것은 이 때문이다. 압력에 따라 끓는 온도가 달라지는 것은 액체에서 기체로 변할 때 부피가 증가하기 때문이다. 물이 수증기로 변하면 부피가 약 1300배 증가한다. 압력이 높아지면 부피를 증가시키는 데 더 많은 에너지를 필요로 하기 때문에 더 많은 열에너지를 공급받을 수 있는 높은 온도에서 끓게 된다.

대부분의 물질은 액체 상태보다 고체 상태의 부피가 작지만 물의 경우에는 액체 상태인 물보다 고체 상태인 얼음의 부피가 크다. 밀폐된 용기 안에 들어 있는 물이 얼면 용기가 깨지는 것이나 얼음이 물에 뜨는 것은 모두 이 때문이다. 따라서 물의 경우에는 압력을 가해 부피가 증가하는 것을 방해하면 쉽게 얼지 않는다. 이것은 보통의 압력에서는 0℃에서 얼지만 높은 압력에서는 0℃보다 낮은 온도에서 언다는 의미이다.

겨울철 얼음판 위에서 스케이트를 탈 수 있는 것은 이 때문이다. 스케이트의 날카로운 날이 높은 압력으로 얼음을 누르면 그 지점의

어는 온도가 낮아져 물 층이 만들어진다. 높은 압력이 가해진 부분의 얼음이 녹게 되고, 이 물이 얼음과 스케이트 사이에서 윤활유 역할을 하여 스케이트가 미끄러지듯이 달릴 수 있도록 하는 것이다. 스케이트 날과 얼음 사이의 마찰에 의해서도 약간의 얼음이 녹아 스케이트가 달리는 것을 돕는다. 그러나 온도가 너무 낮으면 스케이트의 압력이나 마찰에 의해 만들어지는 물의 양이 적어 빨리 달릴 수 없다. 실험에 의하면 스케이트는 온도가 영하 7℃ 부근일 때 가장 빨리 달릴 수 있다.

물이 100℃에서 끓을 때는 물 전체에서 액체인 물이 수증기로 바뀐다. 액체 내부에서 수증기 방울이 생겨 위로 올라가는 것을 끓는다고 한다. 그러나 액체는 증발을 통해서도 기체로 바뀐다. 증발은 물체의 표면에서 물질을 이루고 있던 분자의 일부가 기체 상태로 바뀌는 것을 말한다.

　같은 온도에서 물질을 이루고 있는 모든 분자들이 같은 속력으로 운동하는 것이 아니라 어떤 분자는 빠르게 운동하고 있고 어떤 분자는 느리게 운동하고 있다. 빠르게 운동하는 분자들은 서로 잡아당기는 인력을 벗어나 밖으로 나갈 수 있다. 따라서 액체나 고체의 표면에서는 분자들이 밖으로 달아나는 일이 항상 일어나고 있다. 온도가 높아지면 분자들의 활동이 더 활발해져 물체 밖으로 달아나는 분자의 수가 늘어난다.

　표면에서 증발이 계속 일어나고 있는 데도 액체나 고체의 부피가 줄어들지 않는 것은 기체 분자들이 고체나 액체 속으로 계속 들어오고 있기 때문이다. 기체 분자들이 얼마나 빨리 액체 속으로 들어오는가 하는 것은 액체 표면에 부딪히는 기체 분자의 수와 속력에 따라 달라진다. 기체 분자의 수와 속력을 결정하는 것은 압력이다. 압력이 높으면 기체에서 액체로 들어가는 분자의 수가 늘어난다. 따라서 특정한 온도와 압력에서는 기체에서 액체로 들어가는 분자의 수와 액체에서 기체로 증발해 나오는 분자의 수가 같아지게 된다. 이런 압력이 포화증기압이다. 우리가 일기예보에서 자주 들을 수 있는 습도는 공기에 포함되어 있는 수증기의 양이 포화증기압 상태에서 포함할 수 있는 수증기 양의 몇 %인지를 나타내는 것이다.

　우리는 지금까지 열이 무엇인지, 우리가 측정하는 온도가 무엇을 의미하며 어떤 방법으로 온도를 측정하는지, 그리고 물질의 상태 변화와 열 사이에 어떤 관계가 있는지에 대해 알아보았다. 대부분이 교과과정에서 다루는 내용이어서 이미 잘 알고 있는 것들이다. 이것은 본격적인 운동을 하기 전에 하는 준비운동에 해당된다고 할 수 있다. 충분한 준비운동을 한 후에 운동하면 본격적인 운동을 무리 없이 마칠 수 있는 것처럼 열과 관련된 기본적인 내용에 대해 이만큼 준비운동을 했으니 앞으로의 이야기를 좀 더 수월하게 해나갈 수 있을 것이다.

열역학 산책

우주 공간의 온도는
어떻게 측정할까?

온도는 물질을 구성하고 있는 원자나 분자들의 열운동 에너지를 나타낸다. 따라서 어떤 공간의 온도를 측정하기 위해서는 그 공간에 포함되어 있는 원자나 분자의 열운동 에너지를 측정해야 한다. 그러나 우주 공간은 물질이 거의 존재하지 않는 진공 상태이다. 진공 상태라고 해도 약간의 원자나 분자를 포함하고 있으면 이 입자들의 에너지를 측정하여 그 공간의 온도를 결정할 수 있다. 그러나 원자나 분자를 하나도 포함하고 있지 않은 완전한 진공의 온도는 어떻게 측정해야 할까?

원자나 분자를 전혀 포함하고 있지 않은 완전한 진공 상태의 공간에도 전자기파가 존재한다면 그 공간의 온도를 결정할 수 있다. 공간에는 한 가지 파장의 전자기파만 있는 것이 아니라 여러 가지 파장의 전자기파가 섞여 있다. 공간에 포함되어 있는 전자기파의 파장 분포를 그래프로 그려보면 그 그래프가 몇 도의 물체가 내는 흑체복사 그래프에 해당하는지 알 수 있다. 다시 말해 공간

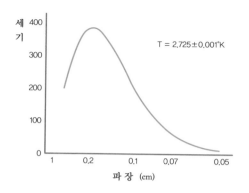

세기

400

300

200

100

0

T = 2.725±0.001°K

1   0.2   0.1   0.07   0.05

파장 (cm)

■ 우주 마이크로파 배경복사는 온도가 2.725K인 물체의 흑체복사 그래프와 같다.

에 포함되어 있는 전자기파의 파장과 세기 분포가 나타내는 온도가 그 공간의 온도가 되는 것이다.

우주 공간에는 우주 마이크로파 배경복사라고 부르는 전자기파가 퍼져 있다. 우주 마이크로파 배경복사는 우주가 시작되던 빅뱅 시기에 만들어진 전자기파가 우주가 팽창하면서 식은 채로 우주 공간에 남아 있던 전자기파이다. 따라서 우주 공간에는 우주 마이크로파 배경복사가 없는 곳이 없다. 우주 마이크로파 배경복사는 온도가 2.725K인 물체의 흑체복사 그래프와 일치한다. 다시 말해 현재 우리 우주 공간의 평균 온도는 2.725K이다. 우주는 우리가 생각하는 것보다 훨씬 추운 곳이다. 그러나 별 부근에는 별이 방출하는 에너지로 인해 우주의 평균 온도보다 훨씬 온도가 높다. 별들은 차가운 우주 여기저기에서 불타고 있는 작은 모닥불들이다. 우리는 태양이라는 모닥불 가까운 곳에서 돌고 있는 지구라는 암석 위에서 살아가고 있는 셈이다.

3장

열역학의 태동

보일의
『회의적 화학자』

로버트 보일은 1627년에 아일랜드에서 태어나 주로 잉글랜드에서 활동했던 자연철학자이며 화학자였다. 잉글랜드에 있는 이튼 칼리지를 다니던 시기에 보일은 프랑스인 가정교사와 함께 유럽의 여러 곳을 여행하였고, 이 여행 도중 읽은 갈릴레이의 저서들로 인해 새로운 과학에 관심을 가지게 되었다.

영국으로 돌아온 보일은 1647년 자비로 실험실을 만들어 다양한 실험을 했다. 특히 그는 마그데부르크의 시장이었던 오토 폰 게리케가 고안한 공기 펌프를 개량하여 공기와 관련된 많은 실험을 했다. 1660년에는 공기에 관한 실험결과들을 모아 『공기의 탄력에 대한 자극과 그 효과에 대한 새로운 물리 역학적 실험들』이라는 책을 출판했는데, 1662년에 나온 이 책의 개정판에는 보일의 법칙이 포함되어 있었다.

보일의 법칙은 공기의 부피가 압력에 반비례한다는 것을 밝혀낸 법칙으로 실험을 통해 확인된 최초의 화학 관련 법칙이었다. 당시에는 고대 그리스에서 시작된 연금술이나 의학에서 오늘날 화학에서 다루는 주제들을 다루고 있었을 뿐 아직 화학이라는 학문 분야가 독립되어 있지 않았다. 실험을 통해 확인된 사실을 중요하게 생각했던 보일은 실험을 바탕으로 하는 근대 화학의 기초를 닦았다. 한때 그는 연금술에 심취하기도 했는데 오히려 그런 경험이 연금술에서 신비적인 요소를 배제하여 실험결과를 중시하는 화학의 기초를 마련하는 데 도움을 주었다.

■ 근대 화학의 기초를 닦은 로버트 보일
(1627~1691년) (출처 : 위키백과)

보일은 유리로 만든 용기 안에 높은 온도로 가열한 철판을 넣고 공기 펌프를 이용하여 진공을 만들면 철판에 올려놓은 물체가 타지 않는다는 것을 보여주어 물질이 연소되기 위해서는 공기가 필요하다는 것을 증명하기도 했다. 그는 또한 모든 공기를 제거한 유리 용기 안에서 울리는 종소리는 들리지 않지만, 유리 용기 안에서 물체를 연소시키면 물체가 더 이상 타지 않게 된 다음에도 용기 안의 종소리가 들린다는 것을 보여주어 공기에는 물체가 연소되는 동안 소모되는 기체 외에 또 다른 종류의 기체가 포함되어 있다는 것을 증명하기도 했다. 이것은 공기를 4원소의 하나라고 설명했던 고대 그리스의 4원소론이 옳지 않다는 것을 보여주는 것이었다.

보일은 1661년에 대화 형식으로 된 『회의적 화학자』라는 책을 출판했다. 이 책은 모든 물질이 운동하고 있는 미립자와 미립자의 복합체로 이루어져 있으며, 모든 자연현상은 운동하고 있는 미립자들의 충돌 결과라는 생각을 바탕으로 하고 있다. 이 책에서 보일은 고대 그리스에서부터 전해 내려온 모든 물질이 물, 불, 흙, 공기의 네 가지 원소로 이루어졌다는 4원소설과 16세기 스위스의 의사였던 필리푸스

파라켈수스(1493~1541년)를 주축으로 한 의화학파들이 주장했던 모든 물질이 염, 황, 수은의 세 가지 원리로 이루어졌다는 3원리설을 반대하고, 물질이 작은 입자들로 이루어져 있다는 새로운 물질관을 제시했다.

보일의 이러한 주장은 후에 돌턴이 원자설을 제안하는 데 큰 영향을 주었다. 화학이라는 뜻의 영어 단어인 chemistry라는 말을 처음 사용한 것도 이 책에서였다. 보일은 실험을 통해 확인된 것만을 사실로 받아들여야 한다고 주장하여 근대 화학의 기반을 마련했고, 보일의 법칙을 제시하여 열역학의 기초를 마련했다.

열역학과 통계물리학

열역학이나 통계물리학은 모두 열과 관련된 현상들을 과학적으로 분석하고 설명하는 학문 분야지만 접근 방법이 다르다. 앞에서도 살펴보았던 것처럼 열과 관련된 현상들은 수없이 많은 입자들의 무작위한 운동과 관련되어 있다. 따라서 일정한 질량을 가진 물체 하나 또는 몇 개의 운동을 다루는 뉴턴역학과는 다른 방법으로 접근해야 한다. 뉴턴역학에서도 많은 입자들로 이루어진 고체나 액체의 운동을 다루기는 하지만, 물체를 이루고 있는 입자 하나하나의 운동보다는 입자 전체의 질량 중심이 어떻게 운동하는지를 주로 다룬다.

그렇다면 열역학과 통계물리학에서는 수많은 입자들의 무작위한 운동을 어떻게 다룰까? 열역학에서는 입자 하나하나의 운동에는 관심을 두지 않고 수많은 입자들로 이루어진 계 전체의 열역학적 성질을 나타내는 몇 가지 변수들을 이용하여 열과 관련된 현상을 분석한다. 다시 말해 열역학에서는 열과 관련된 현상을 온도(T), 압력(P), 부피(V), 그리고 비열(C)과 같은 변수들을 이용하여 설명한다. 이런 양들은 분자 하나하나의 운동에 대해서는 몰라도 측정을 통해 결정할 수 있는 양들이다. 열역학은 이 변수들과 이 변수들을 이용하여 정의한 물리량들 사이의 관계를 다루는 역학이라고 할 수 있다. 기체의 부피와 압력 사이의 관계를 나타내는 보일의 법칙이 열역학의 출발점이라고 하는 것은 이 때문이다.

통계물리학에서는 열역학에서와는 달리 물체를 이루고 있는 수

많은 입자들 하나하나의 운동을 분석하고, 이를 통계적인 방법으로 처리하여 열과 관계된 현상을 설명한다. 통계물리학에서 사용하는 방법은 많은 사람들로 구성된 사회의 문제를 다루는 방법과 비슷하다고 할 수 있다. 사회적 문제의 해결 방법을 찾아낼 때 구성원 한 사람 한 사람의 의견을 수렴하는 여론조사를 하고, 여론조사 결과를 통계적으로 분석한 결과를 이용하는 것처럼 통계물리학에서도 물체를 이루는 입자들의 운동을 조사하고, 그 결과를 통계적으로 분석하여 열과 관련된 현상을 설명한다. 사람들을 대상으로 하는 통계적 분석에서는 대상의 수가 크지 않아 통계적 분석 결과가 실제와 다를 수도 있지만 수많은 입자들이 관련된 자연현상의 경우에는 분석 방법이 옳다면 그 결과가 실제 상태를 나타낸다.

1600년대부터 기초를 다지기 시작한 열역학은 1800년대에 열역학 제1법칙과 열역학 제2법칙이 확립되면서 완성되었다. 그러나 통계물리학은 분자들의 운동을 통계적으로 분석하기 시작한 1800년대 후반에 시작되어 양자역학이 성립된 1900년대 초에 크게 발전했다. 양자역학이 성립한 후에야 원자보다 작은 입자들의 행동을 제대로 이해할 수 있게 되었기 때문이다. 이 책에서는 열에 대한 이해의 발전을 통해 열역학이 성립되어 가는 과정과, 열역학이 통계물리학으로 발전해 나가는 과정을 자세하게 살펴보려고 한다.

보일의 법칙과 샤를의 법칙

1662년에 발표된 보일의 법칙은 온도가 일정한 경우 기체의 부피와 압력이 반비례한다는 것을 나타내는 법칙이다. 보일의 법칙에 의하면 압력을 두 배로 하면 부피는 반으로 줄고, 압력을 3배로 하면 부피는 3분의 1로 줄어든다. 보일의 법칙을 수식으로 나타내면 다음과 같다.

$$압력(P) \times 부피(V) = 일정$$

고체와 액체의 경우에는 압력을 두 배로 해도 부피가 반으로 줄어들지 않는다. 그것은 고체나 액체에서의 부피와 기체에서의 부피가 다른 의미를 가지고 있기 때문이다. 고체나 액체의 경우에는 부피의 대부분을 물질을 이루는 원자나 분자들이 차지하고 있다. 따라서 고체나 액체의 온도가 높아지면 원자나 분자들 사이의 간격이 조금 늘어나 부피가 약간 변할 뿐이다.

그러나 기체의 경우에 기체 분자들이 실제로 차지하고 있는 부피는 전체 부피에서 무시할 수 있을 정도로 작아 대부분의 공간이 텅 빈 공간이다. 다시 말해 기체의 경우에는 부피가 기체 분자들이 차지하고 있는 공간의 부피가 아니라 기체 분자들이 운동하고 있는 공간의 부피를 나타낸다. 그러므로 부피가 반으로 되면 일정한 부피 안에 들어 있는 분자들의 수가 두 배가 되고, 따라서 분자들이 벽에 충돌하여 벽에 가하는 압력이 두 배가 된다. 보일의 법칙은 기체의 종류나 기체 분자의 크기와 관계없이 항상 성립한다. 기체 분자가 큰 경우에도 기체 분자가 실제로 차지하는 부피는 전체 부피에 비해 무시할 수 있을 정도로 작기 때문이다.

보일의 법칙은 기체의 온도가 일정한 경우에만 성립하는 법칙이다. 그렇다면 기체의 온도가 변하는 경우에는 부피가 어떻게 변할까? 실험을 통해 기체의 온도와 부피 사이의 관계를 알아낸 사람은 프랑스의 물리학자 자케 알렉산드르 샤를(1746~1823년)이다. 소르본대학과 파리의 공예학교에서 물리학을 공부했던 샤를은 1787년에 압력이 일정한 경우 기체의 부피는 온도에 비례하여 증가된다고 하는 샤를의 법칙을 발견하였다. 샤를의 법칙은 수식을 이용해 다음과 같이 나타낼 수 있다.

$$\frac{부피(V)}{온도(T)} = 일정$$

온도가 올라간다는 것은 기체를 이루고 있는 분자들의 열운동 에너지가 커진다는 것을 나타낸다. 따라서 분자들이 더 빠르게 운동하게 되어 분자 하나하나가 벽에 출동할 때 벽에 가하는 압력이 증가하게 된다. 그리고 분자들이 빠르게 운동하면 더 자주 벽에 부딪히게 된다. 이 두 가지 효과로 인해 온도가 두 배로 올라가면 내부의 압력이 두 배로 높아진다. 외부의 압력이 일정하게 유지되는데 내부의 온도가 올라가 압력이 두 배가 되면 부피가 두 배로 늘어난다.

기체의 부피가 온도에 비례한다는 샤를의 법칙은 절대온도를 도입하는 이론적 바탕이 되었다. 실험결과에 의하면 이상기체(보일과 샤를의 법칙을 따르는 가상의 기체)의 부피는 온도가 1℃ 오를 때마다 0℃ 때 부피의 약 273분의 1씩 증가하고, 온도가 1℃ 내려갈 때마다 약 273분의 1씩 감소한다. 이렇게 온도가 낮아짐에 따라 부피가 줄어들다 보면 기체의 부피가 0이 되는 온도가 있다. 프랑스의 화학자이며 물리학자였던 조셉 루이 게이뤼삭(1778~1850년)은 1802년에 -273℃에서 이상기체의 부피가 0이 될 것이라 계산하고 이 온도가 자연이 도달할 수 있는 가장 낮은 온도라고 주장했다.

영국의 켈빈은 1848년에 이상기체의 부피가 온도가 1℃ 오르거나 내려갈 때 0℃ 때 부피의 0.00366배씩 증가하거나 감소한다는 실험결과를 이용하여 -273.22℃가 가장 낮은 온도라고 주장하고,

이 온도를 0도로 하는 새로운 온도체계를 만들 것을 제안했다. 이렇게 해서 도입된 온도체계가 절대온도이다. 1900년대에 행해진 정밀한 실험을 통해 0K가 -273.15℃로 수정되었다.

그렇다면 보일의 법칙과 샤를의 법칙을 결합하면 어떻게 될까? 보일과 샤를의 법칙을 결합하면 다음과 같은 식을 얻을 수 있다.

$$\frac{압력(P) \times 부피(V)}{온도(T)} = 상수$$

이 식에서 온도가 일정한 경우가 보일의 법칙이고, 압력이 일정한 경우가 샤를의 법칙이다. 그런데 온도와 압력은 기체의 양에 따라 달라지는 양이 아니지만, 부피는 기체의 양에 비례한다. 따라서 이 식을 계산한 상수 값 역시 물질의 양에 비례해야 한다.

과학자들은 실험을 통해 기체가 1몰(입자의 수가 6.02×10^{23}개일 때의 양)일 때의 상수가 0.082(기압·리터/몰·K)라는 것을 알아냈다. 이 값을 기체상수라고 하며 R이라는 기호로 나타낸다. 따라서 기체의 양이 n몰인 경우 이 식은 다음과 같이 쓸 수 있다.

$$\frac{압력(P) \times 부피(V)}{온도(T)} = 0.082(R) \times 몰수(n)$$

이 식은 기체의 종류에 관계없이 항상 성립하는 식이다. 모든 기체에 적용되는 일반적인 법칙이 밝혀진 것이다. 이 식이 기체의 열역학적 분석에서 중심 역할을 하는 기체의 상태방정식이다. 이 식을 이용하면 부피, 온도, 압력 중 두 가지 변수의 값을 알면 나머지 하나가 어떤 값을 갖는지 알 수 있다. 기체의 상태방정식은 실험을 통해 알아낸 실험식이다. 후에 통계물리학에서는 입자들의 운동을 통계적으로 분석하여 이 식을 유도해낼 수 있었고, 실험을 통해 결정된 기체상수의 물리적 의미를 알 수 있었다. 그것은 통계물리학의 이론적 분석이 실험을 통해 증명되었다는 것을 뜻했다.

그러나 기체의 상태방정식은 이상기체에만 적용된다. 이상기체는 다음과 같은 두 가지 성질을 가지고 있는 기체를 말한다. 우선 기체 분자가 실제로 차지하는 부피가 전체 부피에 비해 무시할 수 있을 정도로 작아야 한다. 기체 분자 자체가 차지하는 부피가 크면 기체 분자들이 자유롭게 활동할 수 없기 때문에 이상기체의 성질이 나타나지 않는다. 압력이 아주 높지 않은 대부분의 기체는 이런 조건을 잘 만족시킨다.

이상기체가 되기 위한 또 하나의 조건은 기체를 이루는 분자들 사이에 탄성 충돌 이외의 상호작용이 없어야 한다는 것이다. 기체 분자들 사이에도 중력이 작용하고 있지만 중력은 매우 약해 무시할 수 있다. 그러나 기체 분자가 전하를 띠게 되면 전기적 상호작용이 기체의 행동에 큰 영향을 미치게 된다. 따라서 전하를 띤 입자, 즉 이온을 포함하고 있는 기체는 이상기체와 다르게 행동한다. 따라서 전하를 띤 입자를 포함하고 있는 플라스마는 이상기체 상태방정식을 이용하여 다룰 수 없다.

이상기체가 아닌 실제 기체의 경우에는 이상기체의 상태방정식이 아니라 기체 분자의 실제 부피와 분자 사이의 상호 작용을 보정해 준 약간 다른 형태의 상태방정식을 사용하여야 한다. 과학자들은 실제 기체의 상태를 나타내는 여러 가지 상태방정식을 제안했다. 실제 기체의 행동을 나타내는 방정식들 중에는 네덜란드의 물리학자였던 요하네스 판 데르 발스(1837~1923년)가 제안한 방정식이 가장 널리 사용되고 있다. 그러나 정밀한 실험결과를 필요로 하는 경우에는 이상기체 대신 실제 기체의 상태방정식을 이용하지만, 대부분의 경우에는 이상기체의 상태방정식을 이용하여 기체의 행동을 분석한다. 주로 분자들 사이의 화학반응을 연구하는 화학에서는 실제 기체의 상태방정식을 이용하는 경우가 많고, 기체의 일반적인 성질을 분석하는 물리학에서는 이상기체의 상태방정식을 주로 이용한다.

열량과 비열

지금까지 열역학에서 열과 관련된 현상을 분석하는 데 사용하는 변수들인 온도(T), 압력(P), 부피(V) 사이에 어떤 관계가 있는지를 밝혀내는 과정에 대해 알아보았다. 열역학 이야기를 해나가기 위해서는 이 변수들 외에도 꼭 알아두어야 할 물리량이 있는데, 그것은 열량과 비열이다.

열량과 비열이라는 개념을 처음 사용한 사람은 프랑스의 화학자로 근대 화학의 아버지라고 불리는 앙투안 라부아지에(1743~1794년)

이다. 그러나 라부아지에가 활동하던 18세기 말에는 아직 에너지라는 개념이 역학에 도입되지 않았을 뿐만 아니라 열을 운동과 다른 것으로 파악하고 있었기 때문에 열량과 비열을 물질의 양과 온도의 변화를 이용하여 정의했다.

열량은 칼로리(cal)라는 단위를 이용하여 측정하는데 1칼로리는 물 1그램을 1℃ 높이는 데 필요한 열량으로 정의되었다. 그러나 물 1그램을 1℃ 높이는 데 필요한 열량은 압력이나 물의 온도에 따라 약간의 차이가 나기 때문에 1기압에서 물 1그램을 14.5℃에서 15.5℃까지 높이는 데 필요한 열량을 1칼로리라고 좀 더 구체적으로 정의하기도 한다. 그러나 열도 에너지라는 것이 알려진 후에는 열량을 역학적 에너지의 단위인 줄(J)을 이용하여 나타내기도 한다. 1칼로리의 열량이 몇 줄(J)에 해당하는지를 밝혀낸 것은 열역학 발전과정에서 매우 중요한 사건이었으므로 이에 대해서는 뒤에서 다시 자세하게 이야기할 예정이다.

물리학에서는 열량을 나타낼 때 칼로리라는 단위 대신 줄이라는 단위를 더 많이 사용하고 있지만, 생물학이나 영양학 같은 분야에서는 칼로리라는 단위를 더 많이 사용하고 있다. 그러나 칼로리라는 단위는 너무 작은 단위여서 자주 사용되는 양들이 큰 수치로 나타내진다. 예를 들어 지방 1그램이 연소될 때 나오는 열량은 9000칼로리이다. 따라서 지방 100그램을 섭취한 경우 섭취한 열량은 90만 칼로리가 된다.

이렇게 큰 수를 사용하는 것은 불편하기 때문에 칼로리 대신

1000칼로리를 뜻하는 킬로칼로리(kcal)라는 단위를 많이 사용한다. 그런데 많은 경우 kcal라고 쓰는 대신 Cal라고 쓰고 그냥 칼로리라고 읽는다. 따라서 칼로리라는 단위를 사용할 때는 그것이 cal인지 Cal인지 확인할 필요가 있다. 텔레비전에서 건강과 관련된 이야기를 하는 경우에 사용하는 칼로리는 대개 Cal이다.

비열이란 어떤 물질 1그램을 $1°C$ 높이는 데 필요한 열량을 말하며 주로 C라는 기호를 이용하여 나타낸다. 비열이 높은 물질은 온도를 높이는 데 많은 열량이 필요하고 비열이 낮은 물질은 적은 열량으로도 쉽게 온도를 높일 수 있다. 비열은 물질의 종류에 따라 다르다. 모든 종류의 물질 중에서 가장 비열이 큰 물질은 물이다. 따라서 물의 온도가 높아질 때는 가장 많은 열을 흡수하고, 온도가 낮아질 때는 가장 많은 열을 방출한다.

지구는 물이 풍부한 물의 행성이다. 따라서 물의 비열이 높은 것은 지구의 기후 환경에 커다란 영향을 주고 있다.

지구는 표면을 덮고 있는 풍부한 물 때문에 계절의 변화에 따른 온도의 변화와 밤과 낮의 온도 변화가 매우 작다. 물이 없는 달이나 수성에서는 밤과 낮의 온도차가 수 백도나 된다.

일반적으로 비열은 온도에 따라 달라지지 않는 상수로 취급하는 경우가 많다. 그러나 비열은 온도에 따라 달라진다. 따라서 물질의 온도를 높이는 데 얼마의 열량이 필요한지를 정밀하게 계산하기 위해서는 비열이 온도에 따라 어떻게 달라지는지를 알아야 한다. 그러나 우리가 생활하는 좁은 온도 범위에서는 비열을 상수로 다루어

도 별다른 문제가 없다. 물의 비열을
1cal/g·℃라고 하는 것은 물의 비열
을 상수로 취급한 것이다.

온도에 따라 부피가 크게 변하지 않
는 액체나 고체의 비열은 압력을 일
정하게 유지하고 측정한 비열과 부
피를 일정하게 유지하고 측정한 비
열이 큰 차이가 나지 않는다. 그러나
기체의 경우에는 일정한 압력 하에
서 측정한 비열과 부피를 일정하게
유지하고 측정한 비열이 많이 다르

■ 지구 표면은 모든 물질 중에서 비열이 가장 큰 물
로 덮여 있어서 계절이나 밤낮에 따른 온도 차이가 적
다.(© 픽사베이)

다. 부피가 늘어날 수 있는 풍선에 기체를 채우고 열을 가해주어 기
체의 온도가 올라가면 부피도 동시에 팽창한다. 따라서 풍선에 가해
준 열은 두 가지 작용을 하게 된다. 하나는 내부 에너지를 증가시켜
온도를 높이는 일이고, 다른 하나는 부피를 팽창시키는 일이다.

외부에서 일정한 압력이 작용하고 있기 때문에 부피가 팽창하기
위해서는 외부 기체를 밀어내는 일을 해야 한다. 이런 경우에는 가해
준 열량의 일부가 부피를 팽창시키는 일을 하는 데 사용된다. 이렇게
외부 압력을 일정하게 유지하면서 온도가 올라감에 따라 부피가 팽
창할 수 있도록 허용하면서 측정한 비열을 정압비열(C_p)이라고 한다.

반면 기체를 부피가 변하지 않는 용기 속에 넣고 가열하면 부피
가 늘어날 수 없기 때문에 가해준 열량이 모두 기체의 온도를 올리는

데 사용된다. 이런 경우의 비열을 정적비열(C_r)이라고 한다. 정압비열이 정적비열보다 큰 값일 것이라는 예상은 쉽게 할 수 있다($C_p〉C_r$).

물체의 온도가 내려갈 때는 온도가 올라갈 때 흡수한 열량과 같은 양의 열량을 방출한다. 온도가 높은 물체와 온도가 낮은 물체를 접촉시키면 온도가 높은 물체는 열을 방출하면서 온도가 내려가고, 온도가 낮은 물체는 열을 흡수하면서 온도가 올라간다. 이때 온도가 높은 물체가 방출하는 열량과 온도가 낮은 물체가 흡수하는 열량은 같다.

열적 평형상태와 열역학 제0법칙

온도가 다른 두 물질을 접촉시키면 한 물체는 열을 잃고 다른 물체는 열을 얻어 결국은 온도가 같아진다. 이렇게 한 물체는 열을 얻고 다른 물체는 열을 잃어 온도가 같아지면 더 이상 열의 흐름이 일어나지 않는데, 이런 상태를 열적 평형상태라고 한다. 우리 주위에 있는 물체들은 항상 열을 주고받으면서 열적 평형상태를 향해 변해가고 있다.

열역학 법칙 중에는 열역학 제0법칙이라고 불리는 법칙이 있다. 앞으로 이야기할 열역학 제1법칙이나 제2법칙보다 늦게 발견되었지만 이들보다 좀 더 근본적인 법칙이라고 생각되어 제0법칙이라고 부르게 되었다. 열역학 제0법칙은 다음과 같다.

열적 평형상태

> **"만약 A 물체와 B 물체가 열적 평형상태에 있고, A 물체와 C 물체도 열적 평형상태에 있다면, B 물체와 C 물체도 열적 평형상태에 있다."**

너무나 당연한 이야기 같아 굳이 법칙이라는 말을 붙일 필요가 없을 것 같아 보이는 열역학 제0법칙은 우리가 온도를 측정할 수 있는 기본 원리가 된다.

온도계로 측정한 온도는 온도계와 물체가 열적 평형상태에 있을 때의 부피나 전류와 같은 물리량을 측정하여 열적 평형상태를 숫자로 나타낸 것이다. 따라서 온도계를 이용하여 측정한 두 물체의 온도가 같다는 것은 두 물체가 모두 온도계와 열적 평형상태에 있음을 뜻하고, 이는 두 물체들도 서로 열적 평형상태에 있다는 것을 의미한다. 만약 열역학 제0법칙이 없다면 두 물체가 열적 평형상태에 있는지 알아보기 위해서는 두 물체를 접촉시켜 놓고 열의 흐름이 있는지를 확인해야 한다. 그러나 열역학 제0법칙 덕분에 물체들의 온도만 측정하면 어떤 물체들이 열적 평형상태에 있는지 쉽게 알 수 있다.

우주에서 일어나는 일들은 모두 열적 평형상태에 도달하기 위한 과정이라고 할 수 있다. 우주 전체가 열적 평형상태에 도달하면 더 이상 아무 일도 일어나지 않는다. 따라서 열적 평형상태는 열적 죽음 상태라고 할 수 있다. 생명체가 에너지를 흡수하거나 방출할 수 있는 것은 환경과 열적으로 비평형 상태에 있기 때문이다.

생명체가 살아 있는 동안에 계속 영양분을 섭취하는 것은 영양분이 가지고 있는 에너지를 이용해 외부와 열적 비평형 상태를 유지하기 위해서이다. 생명체가 죽어 생명활동이 정지되면 오래지 않아 외부와 온도가 같아지는 열적 평형상태에 도달한다. 온도가 같아져 열적 평형상태에 도달한 후에도 물리 화학적 변화가 계속 일어나는 것은 뒤에서 자세하게 이야기하게 될 엔트로피 증가의 법칙 때문이다. 온도가 같아지고 엔트로피가 최대가 되는 열적 평형상태에 도달하면 더 이상의 변화가 일어나지 않는다.

우리 주변의 물체들은 물론 우주를 이루고 있는 천체들도 여러 가지 방법으로 에너지를 흡수하기도 하고 방출하기도 하면서 열적 평형상태를 향해 다가가고 있다. 그렇다면 물체들이 에너지를 주고받는 방법에는 어떤 것들이 있을까?

에너지의 전달 - 대류, 전도, 복사

에너지가 한 물체에서 다른 물체로 전달되는 방법에는 다양한 방법이 있다. 역학적인 일을 통해서도 에너지가 전달되고, 전기적인 방법으로도 에너지가 전달되며, 화학반응을 통해서도 에너지가 전달된다. 그러나 열역학에서는 대류와 전도 그리고 복사에 의해 에너지가 전달되는 것만을 분석 대상으로 삼는다. 이 세 가지 방법에 의한 에너지 전달이 물체를 이루고 있는 분자들의 열운동과 밀접한 관련이 있기 때문이다.

대류는 주로 기체와 액체에서 일어나는 열전달 방법으로, 열을 가지고 있는 액체나 기체가 직접 이동해 열을 전달한다. 따라서 대류가 일어나기 위해서는 물질이 이동해야 하는데 물질을 이동시키는 원동력은 온도에 따라 달라지는 밀도의 차이와 중력에 의해 제공된다. 온도가 높아지면 기체나 액체의 부피가 팽창하여 밀도가 작아진다. 밀도가 작아지면 같은 부피 안에 적은 양의 질량을 포함하

■ 불 가까이 있으면 따뜻한 바람이 불어오는 것을 느낄 수 있다. 이처럼 따뜻해진 공기가 직접 움직여 열을 전달하는 것이 대류이다.

고 있으므로 가벼워진다. 따라서 밀도가 작아져 가벼워진 기체나 액체는 위로 올라가고 밀도가 높아 무거워진 기체나 액체는 아래로 내려오는 대류가 일어난다.

대류가 일어나면 아래쪽에 있던 열이 위쪽으로 전달된다. 아래쪽

에서 기체나 액체를 가열하면 대류에 의해 액체나 기체가 순환하면서 열이 아래에서 위로 전달된다. 바닷물이나 대기에서 열의 순환은 주로 물과 대기의 대류 작용에 의해 일어난다. 따라서 대류 작용은 지구의 기후 환경을 결정하는 중요한 요소가 된다. 태양 내부에서 만들어진 열이 태양 표면인 광구로 전달되는 것도 대류 작용에 의한 것이다.

열이 전달되는 또 다른 방법은 전도이다. 물체를 이루고 있는 입자들의 열운동을 통해 열이 전달되는 것을 전도라고 한다. 물체의 한쪽 끝의 온도가 높아져 입자들의 운동이 빨라지면 바로 옆의 입자들에게 운동이 전해져 빠르게 운동하게 된다. 이렇게 전도에서는 물질을 이루는 입자들의 역학적 상호작용을 통해 에너지가 전달된다.

물질이 얼마나 열을 잘 전도하는지를 나타내는 것이 열전도도이다. 대부분의 금속은 열전도도가 높고 목재나 벽돌과 같은 물질은 열전도도가 낮다. 요리를 하는 경우와 같이 열을 이용하는 경우에는 열이 잘 전달되는 열전도도가 높은 물질로 만든 용기를 사용하는 것이 좋다. 그러나 난방의 경우와 같이 열의 흐름을 차단해야 하는 경우에는 열전도도가 낮은 물질을 사용해야 한다. 건축 자재로 사용되는 단열재들은 열전도도가 아주 낮은 물질들이다.

전도를 통해 전달되는 열의 양은

■ 물체를 이루고 있는 분자들의 운동을 통해 열이 전달되는 것이 전도이다.

열이 전달되는 두 점 사이의 거리에 반비례하고 열을 전달하는 물질의 단면적에 비례하며 두 점 사이의 온도 차이에 비례한다. 따라서 전도에 의해 전달되는 열의 양을 적게 하려면 두 점 사이의 거리를 늘리거나 단면적을 줄이면 된다. 유리창을 두껍게 하고, 유리창의 면적을 줄이면 전도로 빼앗기는 열을 줄일 수 있다. 물체가 직접 접촉하지 않도록 하는 것도 전도에 의해 열이 전달되는 것을 막

■ 보온 용기 중에는 진공 층을 이용해 전도로 빠져 나가는 열을 차단하는 것들이 많다.

는 한 방법이다. 창문을 이중으로 하고 그 사이를 진공 상태로 유지하면 유리가 직접 접촉하지 않아 전도에 의한 열의 손실을 크게 줄일 수 있다. 아무 것도 없는 진공을 통해서는 전도가 일어날 수 없기 때문이다. 여러 가지 보온 장치에도 전도에 의한 열손실을 최소로 하기 위해 진공 층이 사용되고 있다.

열을 전달하는 마지막 방법은 복사이다. 앞에서 우리는 물체를 이루는 분자들이 열운동을 하면 전자기파를 발생시킨다는 이야기를 했다. 물체가 전자기파의 형태로 에너지를 방출하는 것을 복사라고 한다. 물체가 방출하는 복사 에너지의 양은 온도의 4제곱에 비례한다. 낮은 온도에서는 복사를 통해 방출하는 에너지의 양이 적지만 온도가 높아지면 복사의 형태로 방출하는 에너지의 양이 많아지는 것은 이 때문이다.

지구는 태양으로부터 계속적으로 복사 에너지를 받고 있다. 만약

■ 전자기파 형태로 에너지를 전달하는 것이 복사이다.

지구도 외부로 복사 에너지를 방출하지 않는다면 지구의 온도는 계속 올라갈 것이다. 그러나 지구도 파장이 긴 적외선 형태의 복사 에너지를 외부로 방출해 온도를 일정하게 유지하고 있다. 지구의 온도가 일정하게 유지되고 있는 것은 지구가 받은 총에너지의 양과 지구가 방출하는 총에너지의 양이 같기 때문이다.

지구를 둘러싸고 있는 대기는 태양에서 오는 짧은 파장의 복사선을 잘 통과시켜 지표면에 쉽게 도달하도록 한다. 그러나 대기 중에 이산화탄소와 같은 온실기체가 많이 포함되어 있으면 지구가 내놓는 파장이 긴 복사선은 지구 대기를 통과하기 어렵게 된다. 그렇게 되면 지구가 방출하는 에너지보다 받아들이는 에너지가 많게 되어 지구의 온도가 올라가게 된다. 이것이 온실효과이다. 화석연료를 연소시키면서 방출하는 이산화탄소로 인해 지구 대기의 온실효과가 커져 지구의 온도가 올라가지 않을까를 염려하는 사람들이 늘어나고 있다.

실제로 지구의 역사에는 대기 중 온실기체의 증가로 대기의 온도가 올라가 극지방까지 열대 식물이 자란 적도 있었고, 대기 중 온실기체의 양이 줄어들어 지구 전체가 얼음으로 뒤덮였던 때도 있었다. 화석연료를 사용하면서 배출한 이산화탄소로 인한 지구 온난화를 방지하기 위한 국제적인 노력이 전개되고 있는 것은 이 때문이다.

열역학 산책

금속 의자가 왜
나무 의자보다 더
차가울까?

날씨가 추운 겨울 날 공원을 산책하는 사람은 그리 많지 않다. 그러나 눈이라도 내리면 공원이 그림처럼 아름다워지기 때문에 추위에도 불구하고 공원을 산책하는 사람들이 많아진다. 공원을 산책하다 보면 공원에 설치되어 있는 의자에 앉아 잠시 쉴 때도 있다. 추운 겨울에는 사람들이 금속으로 만든 의자보다는 나무로 만든 의자에 앉는 것을 좋아한다. 금속으로 만든 의자는 나무로 만든 의자보다 더 차갑다는 것을 잘 알고 있기 때문이다. 같은 공원에 있는 의자인데 왜 금속 의자가 나무 의자보다 더 차가울까?

결론부터 이야기하면 같은 공원에 있는 금속 의자와 나무 의자의 온도는 같다. 같은 공간에 오래 있게 되면 물체들은 대류나 전도 또는 복사의 방법으로 에너지를 주고받아 열평형 상태에 도달하게 된다. 따라서 공원에 있는 모든 물체의 온도가 같아진다. 물론 식물이나 동물과 같은 생명체들은 생명 현상을 유지하기 위한 화학반응으로 열을 발생시키기 때문에 다른 물체들과 열적 평형상태에 이르지 않는다. 그러나 오랫동안 같은 기온에 노출된 모든 물체들의 온도는 같아지게 된다. 따라서 금속 의자가 나무 의자보다 더 차갑게 느껴지는 것은 온도 차이 때문이 아니다.

어떤 물체와 접촉했을 때 차갑게 느껴지는 것은 물체가 우리 몸의 열을 빼앗아가기 때문이다. 우리는 더 많은 열을 빼앗아가는 물체를 더 차갑게 느낀다. 금속은 나무보다 열전도도가 높다. 따라서 같은 온도 차이에서도 더 많은 열을 빼앗아간다. 금속 의자가 나무 의자보다 더 차갑게 느껴지는 것은 이 때문이다.

금속으로 된 요리기구의 손잡이를 나무로 만드는 것도 같은 이유이다. 금속 손잡이를 만지면 한꺼번에 많은 열이 손으로 전달되어 손을 델 수 있지만 나무 손잡이는 적은 양의 열만 전달해 그다지 뜨겁게 느껴지지 않기 때문이다.

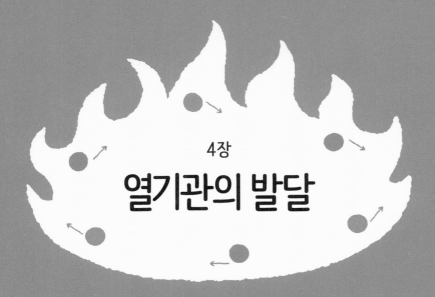

4장

열기관의 발달

헤론의 구

　고대 그리스 시대에 크게 발전한 철학과 과학은 현대 문명에 큰 영향을 주었다. 고대 그리스 문명은 그리스 식민지들에서 탈레스, 피타고라스, 데모크리토스와 같은 철학자들이 활동하던 전기 그리스 시대, 플라톤과 아리스토텔레스가 활동하던 아테네 시대, 그리고 알렉산더 대왕이 이집트를 정복한 후 알렉산드리아를 중심으로 실용적인 과학과 기술이 크게 발전했던 알렉산드리아 시대로 나눌 수 있다.

　기원전 3세기부터 기원후 2세기까지 알렉산드리아를 중심으로 발전했던 과학을 알렉산드리아의 과학이라고 한다. 유클리드, 아리스타코스, 아르키메데스, 에라토스테네스, 프톨레마이오스와 같은 뛰어난 과학자들이 활동했던 알렉산드리아 과학 시대에는 수학, 천문학, 역학을 비롯한 과학기술 관련 분야가 크게 발전했다. 알렉산드리아 시대에는 정교한 기계 장치를 만든 뛰어난 발명가들도 많이 나타났는데 그런 사람들 중 대표적인 사람이 1세기에 알렉산드리아에서 활동했던 헤론이다.

헤론은 여러 가지 기계장치를 발명한 사람으로 널리 알려져 있다. 1896년 이스탄불에서 〈공기역학〉이라는 원고가 발견되었는데 헤론이 학생들을 가르쳤던 강의노트였던 것으로 밝혀졌다. 이 원고에는 자동판매기, 수력 오르간, 소방기구, 주사기, 물시계, 태양에너지를 이용하는 분수, 증기력으로 작동하는 인형, 자동문, 기계장치로 노래하는 새, 자동으로 심지를 조절하는 램프를 포함하여 78가지 발명품에 대한 설명이 들어 있었다.

■ 수증기가 분사되는 힘으로 작동하는 헤론의 공(출처: 위키백과)

이 중에는 통 속의 물을 끓여 만든 수증기를 두 개의 관을 통해 회전축이 부착되어 있는 공 속으로 들어가게 한 다음 증기가 분사되는 힘으로 공이 축 주위를 돌도록 한 헤론의 공도 포함되어 있었다. 헤론의 공은 불을 이용해 물을 가열하여 수증기를 만들고, 수증기가 분사되는 힘을 이용해 공을 회전시키는 초보적인 증기기관이었다. 헤론이 고안한 증기기관이 실용적인 용도로 사용되지는 않았기 때문에 열기관의 효시라고 보기는 어렵지만 헤론이 수증기를 이용해 열을 동력으로 바꾸려고 했던 것은 놀라운 착상이었다.

헤론은 열을 이용하여 작동하는 성전 문 자동개폐장치를 고안하기도 했던 것으로 알려져 있다. 성전 앞에 놓인 제단에 불을 피우면 제단 아래 공기통의 공기가 더워져 부피가 팽창하게 되어 공기가 물이 들어 있는 통으로 흘러 들어간다. 그러면 물통 속의 물이 호스를 따라 다른 물통으로 흘러 들어가 물통이 무거워지게 되

■ 불을 피우면 저절로 열리는 성전 문의 원리

는데 이 무거워진 물통이 줄을 잡아당겨 성전 문을 여는 것이다. 제단의 불이 꺼져서 공기가 차가워지면 이 과정이 거꾸로 일어나 성전 문이 닫히게 된다.

헤론은 빛이 두 지점 사이의 거리가 가장 짧은 경로를 통과하여 지나간다는 가설을 제안하고 이를 바탕으로 빛의 입사각과 반사각이 같다는 반사의 원리를 설명하기도 했다. 그러나 빛이 두 지점을 연결하는 최단 거리를 지나간다는 헤론의 설명은 후에 빛은 두 지점을 지나가는 데 가장 짧은 시간이 걸리는 경로를 통해 전파된다는 페르마의 원리에 의해 부정되었다.

헤론은 삼각형의 세 변의 길이를 이용하여 삼각형의 넓이를 구해내는 공식인 헤론의 공식을 발견한 것으로도 유명하다. 삼각형의 세 변의 길이를 각각 a, b, c라고 하고, 세 변의 길이의 합의 반을 S라고 하면, 즉 $S = \dfrac{(a+b+c)}{2}$ 이면, 삼각형의 넓이는 $\sqrt{S(S-a)(S-b)(S-c)}$ 라는 것이 헤론의 공식이다. 그는 또한 어떤 수의 제곱근을 반복해서 계산해내는 방법을 알아내기도 했다.

2000년 전에 이런 일들을 했다는 것은 놀라운 일이 아닐 수 없다. 그러나 수증기의 힘으로 작동하는 본격적인 증기기관을 만들기 시작한 것은 훨씬 후의 일이다. 증기기관이 사용되기 시작하면서 인류 문명은 빠르게 발전하기 시작했다.

파팽의 증기기관

　1600년대부터 열과 관련된 현상들에 대한 간단한 실험이 시작되어 온도와 부피 그리고 압력 사이의 관계를 밝혀냈지만 정작 열이 무엇인지에 대해서는 잘 알지 못하고 있었다. 인류는 열과 불이 무엇인지 잘 이해하지 못한 채 오랫동안 열과 불을 여러 가지 용도로 사용해온 것이다. 열을 이용해 동력을 얻어내는 본격적인 열기관을 만들기 시작했을 때도 열을 잘 이해하지 못하기는 마찬가지였다. 열이 무엇인지를 이해하게 된 것은 열기관이 널리 사용된 후의 일이다.

　열기관의 등장과 발전은 인류 문명의 역사를 크게 바꾸어 놓았다. 열기관의 등장으로 사람의 힘이나 가축의 힘을 이용해 하던 일들을 열기관으로 작동하는 기계들이 하게 되었다. 열기관이 널리 사용되자 더 나은 열기관을 만들기 위해 열을 연구하는 사람들이 나타나게 되었고, 따라서 열과 관련된 현상을 설명하는 열역학이 발전할 수 있었다.

　열로부터 얻어낸 동력으로 작동하는 본격적인 증기기관을 만들기 시작한 것은 1600년대 말부터였다. 증기의 힘을 이용해 움직이는 증기기관을 처음으로 설계한 사람은 프랑스의 드니 파팽이었다. 프랑스 과학자로 영국에서 활동했던 파팽은 1690년에 수증기일 때는 큰 부피를 차지하고 있지만 온도가 내려가 물이 되면 부피가 작아지는 성질을 이용하면 큰 동력을 얻을 수 있을 것이라는 생각을 했다.

　물이 수증기로 바뀌면 부피가 1300배로 증가하고, 반대로 수증

기가 물이 될 때는 부피가 1300분의 1로 감소한다. 열에 의한 이러한 부피 변화를 이용하려는 것이 파팽의 증기기관이었다. 파팽의 증기기관은 실린더와 실린더 안에서 상하 운동을 하는 피스톤으로 이루어져 있었다. 실린더 안에 물을 넣고 가열하면 수증기가 발생하면서 부피가 팽창해 피스톤이 위로 올라간다.

피스톤이 가장 높은 곳까지 올라간 다음 실린더 안에 차가운 물을 넣어 식히면 수증기가 물로 변하면서 부피가 줄어들어 피스톤이 다시 아래로 내려오게 된다. 피스톤이 아래로 내려오는 것은 중력에 의한 것이므로 이런 기관을 중력기관이라고 부르기도 했다. 증기압에 의한 피스톤의 상승 작용과 중력에 의한 하강 작용을 이용하는 것이 파팽의 증기기관이었다. 그러나 파팽의 증기기관은 물을 끓여 수증기를 만든 다음 그것을 찬물로 식히고 다시 가열해야 했기 때문에 피스톤이 한 번 왕복하는 데 긴 시간이 걸렸다. 따라서 실용적인 용도로 사용할 수는 없었지만 수증기의 힘을 이용하려는 그의 시도는 증기기관의 발전에 큰 영향을 주었다.

세이버리의 진공기관

　실제로 광산에서 사용된 최초의 증기 기관을 만든 사람은 영국의 토마스 세이 버리(1650~1715년)였다. 세이버리의 생애에 대해서는 잘 알려져 있지 않지만 그는 〈광 부의 친구〉라는 제목의 글에서 파이어 엔 진(불 엔진)이란 장치에 대해 설명해놓았다. 오늘날에는 파이어 엔진이 소방차를 가리 키는 말로 사용되고 있지만 당시에는 증 기기관을 가리키는 말이었다.

　세이버리는 길쭉한 공 모양의 장치 한 쪽에 긴 관을 연결하고 그 관의 아래 끝이 광산 안의 물속에 들어가게 했다. 그런 다

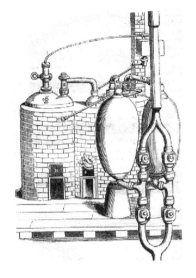

■ 세이버리의 증기기관 (출처 : 위키백과)

음 보일러에서 물을 끓여 발생시킨 수증기를 둥근 장치로 들어가게 하여 공기를 밀어내고 수증기로 가득 채웠다. 수증기가 가득 찬 다음 밖에서 찬물을 부어 식히면, 장치 안의 수증기가 물로 바뀌면서 부피 가 줄어들어 장치 안은 거의 진공 상태가 되었다. 그러면 아래쪽에 연결된 관을 통해 광산의 물이 올라오게 된다. 그 물을 비운 다음 같 은 과정을 반복하면 광산의 물을 퍼낼 수가 있었다.

　세이버리는 1700년을 전후하여 탄광의 배수용 진공 펌프 외에 도시의 급수용으로 사용할 수 있는 진공 펌프도 개발했다. 그는 이

장치를 여러 개 연결하면 깊은 곳에 있는 물도 끌어올릴 수 있다고 했지만 실제로는 10미터보다 아래에 있는 물을 끌어올릴 수는 없었다. 세이버리의 증기기관은 기본적으로 대기의 압력을 이용하는 열기관이었으므로 대기가 밀어올릴 수 있는 높이보다 더 높이 물을 끌어올리는 것은 가능하지 않았다.

물을 끌어올리는 높이를 최대로 하기 위해서는 수증기의 압력을 높여 가능하면 많은 공기를 밀어내고 수증기로 채워야 했는데, 높은 압력에서 용기가 터지는 문제가 발생하여 성공적으로 작동하지 못했다. 따라서 실용적으로 작동하는 증기기관이 나타날 때까지는 조금 더 기다려야 했다.

뉴커먼의 증기기관

파팽의 증기기관을 개량하여 처음으로 널리 사용된 실용적인 증기기관을 만든 사람은 영국의 토마스 뉴커먼(1663~1729년)이었다. 다트머스에서 철물점을 운영하던 뉴커먼은 세이버리가 만드는 진공기관의 부품을 제작하기도 하고, 광산에 세이버리의 기관을 설치하거나 수리하기도 하면서 수증기로 작동하는 기관에 대해 알게 되었다. 그는 파팽의 증기기관을 개량하여 세이버리의 진공기관과는 다른 방법으로 작동하는 증기기관을 만들었다.

뉴커먼이 만든 증기기관은 실린더에서 직접 물을 끓였다가 식혔던 파팽의 증기기관과는 달리 보일러에서 물을 끓여 발생시킨 수증기를 관을 통해 실린더에 주입했다. 따라서 실린더를 식힌 다음 곧바로 다시 수증기를 주입할 수 있어서 빠르게 작동할 수 있었다. 그러나 뉴커먼은 자신이 발명한 증기기관의 특허를 받지 않았다. 자신이 발명한 증기기관이 세이버리가 낸 특허에서 폭넓게 설명한 증기기관의 범주에 포함된다고 생각했기 때문이었다.

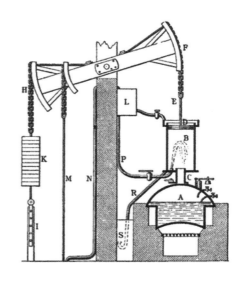

■ 뉴커먼의 증기기관 (출처:위키백과)

증기기관에 대한 특허를 가지고 있지 않아 독자적으로 증기기관을 생산할 수 없었던 뉴커먼은 1712년부터 세이버리와 공동으로 증기기관을 생산하여 보급하기 시작했다. 1712년 영국 더들리 카슬 탄광에 설치한 뉴커먼의 증기기관은 1분에 12회 왕복운동을 하며 물을 퍼올렸는데, 그 일률은 약 5마력 정도였다. 1마력은 말 한 마리가 하는 일률을 나타내는 단위로 746와트에 해당된다.

그 후 금속 가공기술이 발달하여 더 큰 실린더를 만들 수 있게 되자 증기기관도 점점 더 커졌다. 처음에는 지름이 17.5센티미터인 실린더를 사용했지만 1725년에는 지름이 75센티미터로 커졌고, 1765년에는 185센티미터로 커졌다. 커다란 실린더를 사용하면서 증기기관의 출력도 크게 늘어나 사람 20명과 말 50마리가 밤낮으로 쉬지 않고 움직여 1주일 걸려 했던 배수 작업을 2명의 작업자가 48시간 만에 할 수 있었다. 뉴커먼의 증기기관은 당시로서는 대성공이었다. 발명 후 4년 동안 8개국에 보급되었고, 그가 죽던 해인 1729년에는 유럽의 거의 모든 나라에 그의 증기기관이 보급되었다.

와트의 증기기관

오래 전에 우리나라에서 사용하던 교과서에는 영국의 제임스 와트가 물이 끓고 있는 주전자의 뚜껑이 움직이는 것을 보고 증기기관을 발명했다는 이야기가 실려 있었다. 따라서 많은 사람들은 아직도 와트가 증기기관을 발명했다고 알고 있다. 와트가 개량한 증기기관이 산업혁명의 기술적 바탕이 되었으므로 그를 증기기관의 발명자라고 해도 크게 틀린 이야기는 아닐 것이다. 그러나 엄격하게 말하면 그는 증기기관을 발명한 사람이 아니라 기존의 증기기관을 개량한 사람이었다. 물이 끓고 있는 주전자 뚜껑이 움직이는 것을 보고 증기기관을 발명했다는 이야기는 누군가가 만들어낸 이야기지만 그가 증기기관을 개량하기 위한 실험을 할 때 보일러 대신 주전자를 이용해 물을 끓였으므로 주전자 이야기도 전혀 근거가 없는 이야기는 아니다.

영국 글래스고 근처의 그리노크라는 곳에서 태어난 와트는 런던에서 기술을 배우고 고향으로 돌아와 1757년 말에 글라스고대학에 공작실을 차렸다. 대학에서 사용하는 기계를 제작하거나 고장을 수리해주는 일을 하던 와트는 1763년 글래스고대학에 있던 고장난 뉴커먼의 증기기관 모형을 수리하게 되었다.

와트는 이보다 앞선 1760년경에 뉴커먼 증기기관의 기초가 된 파팽의 증기기관을 사용하여 고압 증기 실험을 한 일이 있었기 때문에 증기기관에 대하여 어느 정도의 지식과 경험을 가지고 있었다. 와트는 뉴커먼의 증기기

■ 증기기관을 개량하여 산업혁명을 가능하게 한 제임스 와트(1736~1819년) (출처 : 위키백과)

관을 수리하여 작동시켜 보았지만 많은 연료를 소모하면서도 효율은 그리 좋지 않았을 뿐만 아니라 너무 크고 무거웠다. 따라서 그는 뉴커먼의 증기기관을 개량하여 더 좋은 성능을 가지는 열기관을 만들기로 결심했다.

그러나 많은 노력에도 불구하고 열효율이 좋은 증기기관을 만드는 일은 제대로 진척되지 않았다. 새로운 증기기관을 개발하기 위한 연구를 시작하고 처음 4년 동안 연구비로 많은 돈을 쓰는 바람에 빚이 늘어나 연구를 포기해야 할 지경에 이르기도 했다. 이때 글래스고대학의 화학 교수였던 조셉 블랙의 소개로 스코틀랜드에서 제철소를

운영하고 있던 존 로벅을 만나 연구비를 지원받을 수 있었다. 블랙 교수는 이산화탄소를 최초로 분리해냈을 뿐만 아니라 잠열을 발견하여 열역학 발전에 크게 기여한 사람으로 열기관에도 많은 관심을 가지고 있었다.

탄광을 운영할 계획을 가지고 있던 로벅은 강력한 증기기관을 개발하려는 와트의 연구에 큰 관심을 가지고 있었다. 로벅은 연구비와 제품 생산비용, 그리고 특허에 드는 비용을 제공하는 대신 특허 수익의 3분의 2를 가지기로 하고 와트에게 연구비를 지원했다. 그렇게 와트가 로벅이 제공한 작업장에서 효율이 향상된 새로운 증기기관을 만든 것은 1768년이었고, 특허를 받은 것은 1769년 1월 5일이었다.

뉴커먼 기관의 가장 큰 약점은 한 번 수증기가 들어가 실린더를 데워준 다음 뜨거워진 실린더에 차가운 물을 넣어 실린더를 식혔다가 다시 수증기를 넣어주는 과정을 반복하는 부분이었다. 와트는 실험을 통해 실린더로 보내지는 열의 대부분이 동력으로 전환되지 못하고 실린더를 식히는 동안에 낭비된다는 것을 알아냈다. 따라서 증기기관의 열효율을 높이기 위해서는 실린더를 식히지 않고 작동할 수 있는 방법을 알아내야 했다.

오랫동안 이 문제를 해결하기 위해 많은 실험을 하던 와트에게 새로운 아이디어가 떠오른 것은 1765년 5월 어느 날이었다. 와트는 실린더 전체를 식히는 대신 실린더 옆에 새로운 장치를 달고, 수증기를 그리로 빼내 식히는 방법을 생각해냈다. 그렇게 하면 실린더는 뜨거운 상태를 유지할 수 있어 빠르게 작동할 수 있었다. 와트가 새

로 부착한 장치를 영어로는 콘
덴서라고 부르는데 우리말로는
'응축기'라고 번역할 수 있다.
콘덴서는 와트가 개량한 증기
기관의 가장 중요한 기술적 진
보였다.

와트의 증기기관이 처음으
로 광산에 설치된 것은 1769년
이었다. 그러나 제대로 작동하
지 않았는데 그 이유는 로벅이
운영하던 제철소의 금속 가공
기술로는 용도에 맞는 부품을

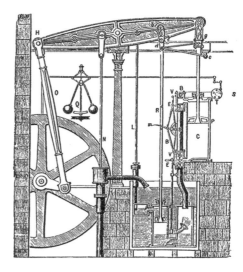

■ 1774년에 와트가 볼턴앤드와트에서 제작한 증기기관의 판
화 (출처:위키백과)

만들 수 없었기 때문이었다. 설상가상으로 무리하게 사업을 운영하
던 로벅이 1773년 파산하여 더 이상 와트에게 사업 자금을 대줄 수
없게 되었다. 따라서 와트는 한 동안 증기기관과 관련된 일을 중단하
고 측량기사 등의 일을 하면서 생활비를 벌어야 했다.

그러나 와트가 버밍햄에서 사업을 하고 있던 매튜 볼턴을 만난 후
사정이 달라지기 시작했다. 로벅이 볼턴에게 지고 있던 빚을 탕감해
주는 대가로 로벅의 특허 지분을 넘겨받은 볼턴은 1774년 와트와 공
동으로 '볼턴 앤 와트'라는 회사를 설립하고 본격적으로 증기기관 사
업을 시작했다. 사업 수완이 뛰어났던 볼턴은 경영을 맡았고, 증기기
관에 대해 잘 알고 있던 와트는 증기기관을 개량하고 생산하는 일을

맡았다. 두 사람은 1783년에 만료될 예정이던 특허기간을 1800년까지 연장하는 데도 성공했다.

와트와 볼턴은 증기기관을 개량하는 일도 계속했다. 금속과 기계 공업이 발달했던 버밍햄에서는 와트가 필요로 하는 부품을 쉽게 구할 수 있었기 때문에 연구 개발에 큰 도움이 되었다. 처음 와트가 만든 증기기관의 피스톤은 아래위로 상하 운동만 할 수 있었다. 그러나 볼턴의 제안을 받아들인 와트는 피스톤의 왕복운동을 회전 운동으로 바꾸는 장치를 개발했다. 따라서 와트의 증기기관은 광산의 물을 퍼올리는 용도로 뿐만 아니라 방직공장을 비롯한 많은 공장에서도 사용할 수 있게 되었다. 1775년과 1785년 사이에 와트와 볼턴은 증기기관과 관련된 5개의 특허를 더 받았다.

와트가 개량한 증기기관이 탄광에 성공적으로 설치된 1776년부터 특허기간이 만료된 1800년까지 '볼턴 앤 와트'는 496대의 증기기관을 설치했다. 이 중 164대는 양수용이었고, 308대는 회전형 증기기관으로 주로 방직기계를 작동하기 위한 것이었다. 1785년에 와트는 영국 과학자들의 모임인 왕립학회 회원이 되었다. 1790년 이후 히스필드에서 조용히 연구 생활을 계속하던 와트는 1816년 8월 25일 83세를 일기로 세상을 떠났고, 그의 유해는 다른 많은 영국의 위대한 인물들과 함께 웨스트민스터 사원에 안장되었다.

증기기관차의 발달

제임스 와트가 발명한 증기기관은 산업혁명의 원동력이 되었다. 와트가 개량한 증기기관은 광산이나 탄광에서 물을 퍼올리는 데는 물론 옷감을 짜는 방직기계를 돌리는 데도 사용되었고, 철공소에서 화로에 쓰이는 풀무를 움직이는 데도 사용되었다. 증기기관을 널리 사용하면서 대량생산이 가능하게 되었다. 손으로 물건을 만드는 것을 수공업이라고 하고 기계를 이용하여 많은 물건을 만드는 것을 기계공업이라고 한다. 증기기관의 발명으로 수공업이 기계공업으로 바뀌기 시작했고, 이는 산업혁명으로 이어졌다.

증기기관은 물건의 생산뿐만 아니라 교통수단에도 사용되기 시작했다. 증기기관을 이용하여 철로 위를 달리는 기관차를 처음 만든 사람은 영국의 조지 스티븐슨(1781~1848년)이라고 알려져 있다. 하지만 스티븐슨 이전에도 증기기관차를 만들려고 시도한 사람들이 있었다.

증기기관으로 바퀴를 회전시켜 달리는 기관차를 처음 만든 것은 와트의 증기기관이 발명된 직후인 1769년의 일이었다. 프랑스의 니콜라스 퀴뇨(1725~1804년)는 철로 위를 시속 3.6킬로미터의 속력으로 달리는 증기기관차를 만들어 15분간 움직이는 실험을 해보였다. 하지만 많은 짐을 싣지도 못하고 걷는 것보다 느리게 움직이는 기차는 실용적인 용도로는 사용할 수 없었다. 1804년에는 영국의 리처드 트레비딕이 철로용 증기기관차인 페디다렌호를 만들었다. 트레비딕

■ 철도의 아버지라고 불리는 조지 스티븐슨
(1781~1848년) (출처 : 위키백과)

은 그가 만든 기관차를 런던에서 전시했지만 사람들의 관심을 끌지 못했다.

증기기관차를 개량하여 실용적으로 널리 사용할 수 있는 증기기관차를 만든 사람은 영국의 조지 스티븐슨이었다. 영국의 뉴캐슬 부근에 있는 와이렌이라는 탄광촌에서 가난한 광부의 아들로 태어난 스티븐슨은 가난으로 인해 정규 교육을 받지 못했지만 독학으로 기계에 대한 공부를 하면서 증기기관차에 관심을 가지게 되었다. 스티븐슨이 증기기관차에 관심을 가지고 증기기관에 대한 연구를 시작한 것은 1814년 무렵부터였고, 그가 만든 증기기관차가 스톡턴과 달링턴 사이를 처음으로 달린 것은 1825년이었다.

증기기관차가 달릴 수 있도록 스톡턴과 달링턴 사이에 철도를 건설하기 시작한 것은 1821년이었다. 처음 이 철도는 석탄을 실은 화물차를 말이 끄는 마차 철도로 계획되었지만 스티븐슨이 증기기관차가 운행하는 철도로 변경했다. 이때 건설된 철로의 선로 폭이 1435밀리미터였는데 이것이 후에 국제철도연맹에 의해 표준 선로 폭으로 결정되었다. 스티븐슨이 만든 로코모션 1호라고 명명된 증기기관차는 밀가루 80톤을 싣고 시속 39킬로미터의 속력으로 달리는 데 성공했다. 이 철도로는 사람을 수송하는 객차도 운행되었는데 객차는 증기기관차가 아닌 말이 끌었다.

두 번째 철도는 리버풀과 맨체스터 사이에 부설된 철도였다. 이 철도는 원래 리버풀과 맨체스터 사이에 21개의 증기기관을 설치하고 케이블을 이용하여 화물차를 끄는 용도로 계획했었다. 그러나 철도 건설을 맡은 스티븐슨은 증기기관차를 이용할 것을 주장했다. 스티븐슨은 여러 가지 지형적 난관을 극복하고 1829년에 46킬로미터의 철도를 부설하여 두 도시를 연결했다. 그러나 증기기관차의 속력과 견인력을 믿을 수 없었던 사업가들이 기관차 운행을 반대했다. 리버풀과 맨체스터 사이의 철도 건설을 추진했던 회사는 증기기관차의 운행을 주장하는 스티븐슨과 반대하는 사람들을 모두 만족시킬 해결방안을 제안했다. 기관차 경주대회를 통해 증기기관차의 성능을 검증하고 이 철도에 운행할 기관차를 선정하자는 것이었다.

1829년 10월에 일주일 동안 레인힐 부근의 약 2.8킬로미터 구간을 왕복하는 레인힐 기관차 경주대회에서 스티븐슨과 그의 아들이 공동으로 제작한 로켓호가 13톤의 화물을 싣고 최고 시속 48킬로미터의 속력으로 달려 우승했다. 따라서 스티븐슨의 로켓호가 리버풀과 맨체스터를 연결하는 철도의 기관차로 선정되었다. 1830년 9월 15일 개통식을 갖고 운행을 시작한 이 철도는 세계 최초의 근대적 철도로 인정받고 있다. 철도와 증기기관차 발전에 크게 공헌한 스티븐슨은 철도의 아버지라고 불리고 있다.

증기선의 등장

증기기관의 발달은 해상 교통수단에도 혁명적인 변화를 가져왔다. 원시시대 이래 사람들은 사람의 힘이나 바람의 힘을 이용하여 배를 움직였다. 하지만 증기기관이 보급되자 이 기관을 이용해 배를 운항하려는 노력이 1770년대부터 시작되었다. 프랑스의 귀족 주프르와(1751~1832년)는 1775년 센 강에서 피스톤의 지름이 20센티미터인 증기기관을 이용해 움직이는 배를 만들어 시운전을 했지만 실패했다. 그러나 1783년에는 증기기관으로 물갈퀴를 움직이는 증기선을 만들어 리옹에서 15분 동안 항해하는 데 성공했다.

비슷한 시기에 미국에서도 증기기관을 배에 이용하려는 시도가 시작되었다. 1787년 미국의 발명가 제임스 램지(1743~1792년)는 웨스트버지니아 주에 있는 포토맥강에서 배의 앞쪽에서 끌어들인 물을 증기기관을 이용해서 뒤쪽으로 빠르게 배출하면서 앞으로 나가는 실험을 했다. 제트 추진 방식을 배에 적용한 이 방법은 배를 운행하는 데 필요한 추진력을 얻는 데 성공하지 못했다. 그는 영국의 템스 강에서도 같은 실험을 했지만 배를 움직이는 데는 실패했다. 램지 외에도 증기선을 발명하려고 시도했던 사람들은 많았다. 미국의 피치(1743~1798년), 영국의 사이밍턴(1763~1831년)과 같은 사람들이 그런 사람들이었다.

그러나 증기선을 발명한 영예는 미국의 로버트 풀턴에게 돌아갔다. 미국 펜실베이니아 주 출신으로 영국에 유학하기도 했던 풀턴은 새로운 엔진을 장착한 군함을 설계하여 1793년 영국 정부에 제출하기도 했지만 영국 해군은 그의 설계를 채택하지 않았다. 프랑스로 간 그는 프랑스 황제였던 나폴레옹에게 증기기관으로 운항하는 증기선을 만들 것을 제안했지만 거절당했다. 1803년에는 증기선을 만들어 센강에서 시험 운행할 예정이었으나 운행 직전에 폭풍이 몰아쳐 배가 침몰해 버리는 불운을 겪기도 했다.

■ 로버트 풀턴(1765~1815년) (출처 : 위키백과)

　1806년 미국으로 돌아온 풀턴은 증기선을 만드는 연구를 다시 시작했다. 풀턴이 첫 번째 증기선으로 인정받고 있는 클레어몬트호의 운행에 성공한 것은 1807년이었다. 1807년 8월 풀턴은 클레어몬트호로 허드슨강 연안에 있는 뉴욕과 올바니 사이를 왕복 운행하는 데 성공했다. 240킬로미터나 떨어져 있던 두 도시를 왕복하는 데는 62시간이 걸렸다. 증기선이 운행되기 전까지는 이 두 도시 사이의 교통이 아주 불편했었다. 1807년 11월 1일부터 두 도시 사이에 증기선을 이용한 운행이 시작되었다.

　그 후 증기선은 빠르게 보급되기 시작했다. 미국뿐만 아니라 유럽 여러 나라에도 증기선의 정기항로가 개설되었고, 1815년경에는 러시아에서도 증기선이 운행되었다. 1818년에는 미국의 사반나호가 대서양 횡단에 성공하여 본격적인 증기선 시대를 열었다. 미국은 사반나호가 조지아 주의 사반나에 입항한 날을 기념하여 5월 22일을 바다의 날로 정했다. 증기선의 보급으로 바람에 의존하지 않고도 넓은 바다를 항해할 수 있게 되어 해상 교통의 새로운 시대가 열리게 되었다.

현재 세계 곳곳에서는 자동차 경주대회가 열리고 있다. 일정한 궤도 위로만 달릴 수 있는 기차와 달리 자동차는 도로만 있으면 어디든지 달릴 수 있어 여러 가지 형태의 자동차 경주대회를 개최하는 것이 가능하다. 그러나 철도 위로만 달릴 수 있는 기차로 자동차 경주대회처럼 박진감 있는 경주대회를 하는 것은 불가능해 보인다. 철로 위를 달리는 기관차 경주대회를 한다면 그것은 운전자의 능력과는 관계없는 기관차 성능의 대결이 되어 사람들의 관심을 끌 수 없을 것이다.

그러나 많은 사람들이 열광하는 가운데 열린 증기기관차 경주대회가 있었다. 1829년 10월에 영국 리버풀 부근에 있는 레인힐에서 열렸던 레인힐 기관차 경주대회가 그것이다. 이 대회를 보기 위해 레인힐에는 수많은 사람들이 몰려들었다. 사람들이 이 대회에 관심을 가진 것은 기관차가 많은 짐을 싣고 달리는 것을 실제로 보고 싶었고, 정해진 구간을 왕복하는 데 성공할 수 있는지, 그리고 얼마나 빨리 달릴 수 있는지를 직접 확인하고 싶었기 때문이었다.

리버풀과 맨체스터를 잇는 철도를 운행할 기관차를 선정하기 위해 개최된 이 기관차 경주대회 규정에는 ① 기관차의 3배가 넘는 화물을 싣고 달려야 하고, ② 평균속력은 시속 16킬로미터 이상이어야 하며, ③ 일주일 동안 2.8킬로미터의 구간을 10회 왕복 운행하여 총 56킬로미터를 운행해야 한다는 내용이 포함되어 있었다. 이 대회에서 우승한 기관차는 500파운드의 상금을 받고 리버풀과 맨체스터 사이를 운행할 기관차의 독점 공급권을 확보할 수 있었다.

이 대회에는 예심을 통과한 다섯 대의 기관차가 출전했다. 사이클롭드호는 벨트 위에 말이 올라가 달려서 동력을 얻는 기관차였다. 대회 규정에 증기기관만 가능하다고 명시되어 있지 않아 참가할 수 있었지만 말이 폭주하는 바람에 기관차가 고장나 완주하는 데 실패했다.

증기기관차였던 노벨티호는 첫날 운행에서 시속 45킬로미터로 달려 우승 후보로 각광을 받았다. 그러나 둘째 날에는 기관에 고장이 생겨 완주하지 못했고, 셋째 날에도 수리가 끝나지 않아 운행하지 못했다. 고장으로 이 대회에서는 우승하지 못했지만 이 기관차는 후에 개량된 후 성 헬렌 철도에서 몇 년 동안 운행되었다.

퍼서비어런스호는 대회에 참가하기 위해 레인힐로 운송되는 동안 사고로 파손되었다. 5일 동안의 수리를 거쳐 대회 마지막 2일 동안만 출전했는데 시속 16킬로미터로 달리는 데는 성공했지만 완주하지 못해 탈락되었다.

두 개의 실린더를 가지고 있던 산 파렐호는 140킬로그램의 화물을 싣고 운행을 시작하자마자 실린더에 금이 가 운행에 실패했다. 그러나 개량을 거쳐 2년

후 개통된 볼턴-레이흐 철도에서는 운행에 성공했다.

조지 스티븐슨과 아들 로버트 스티븐슨이 만든 로켓호는 25개의 관을 사용하여 증기가 지나가는 단면적을 크게 늘린 증기기관차로 13톤의 화물을 싣고 최고 시속 48킬로미터, 평균 시속 22.5킬로미터로 달려 우승을 차지했다. 500파운드의 상금을 받았고, 리버풀과 맨체스터 사이를 운행하는 기관차로 선정되었다.

5장

열소설과 운동설

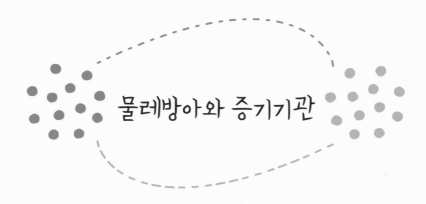

물레방아와 증기기관

요즘은 대부분 전기로 작동하는 모터를 사용하기 때문에 위에서 아래로 떨어지는 물의 힘을 이용하여 작동하는 물레방아를 찾아보기 어렵게 되었다. 그러나 30여 년 전까지만 해도 시골에 가면 물레방아를 이용하여 작동하는 방앗간을 쉽게 볼 수 있었다. 지금도 민속촌이나 고궁 또는 공원에 가면 관람용으로 만들어 놓은 물레방아를 볼 수 있다.

물레방아처럼 위에서 아래로 떨어지는 물의 힘으로 작동하는 기계 장치를 일반적으로 수차라고 부른다. 수차는 높은 곳에 있는 물이 가지고 있는 위치 에너지를 운동 에너지, 즉 동력으로 바꾸는 장치이다. 따라서 아무리 많은 물이 있어도 낮은 곳으로 흘러가지 않으면 물레방아가 작동되지 않으며, 낙차가 크더라도 물의 양이 풍부하지 않으면 작동할 수 없다. 따라서 낙차가 크면서도 물의 양이 풍부한 지역에서는 오래전부터 수차가 널리 사용되었다.

서양에서는 4대 문명 발상지의 하나인 메소포타미아에서 이미 수차를 사용했고, 로마시대에는 대형 수차로 작동하는 제분소가 설치되기도 했다. 우리나라에서는 삼국시대였던 5세기경부터 수차를 사용하기 시작했다. 우리나라에서는 수차가 주로 맷돌을 돌리는 용도로 사용되었다. 고려시대와 조선시대에도 조정에서는 수차를 보급하려고 노력했지만 강수량이 여름에 집중되어 물이 부족한 때가 많았고, 겨울에 물이 얼어 작동할 수 없었기 때문에 큰 성과를 거두지 못했다. 그러나 흐르는 물만 있으면 작동하는 물레방아는 따로 연료를 사용하지 않아도 되었기 때

▪ 물레방아는 위에서 아래로 흐르는 물의 힘을 이용하여 작동한다. (ⓒ픽사베이)

문에 낙차가 큰 물이 풍부한 지역에서는 널리 사용되었다.

앞 장에서 살펴본 것처럼 18세기에 유럽에서는 석탄을 때서 발생시킨 수증기의 힘으로 작동하는 증기기관이 널리 사용되기 시작했다. 그러나 증기기관이 여러 가지 용도로 널리 사용된 후에도 증기기관의 작동원리를 제대로 이해하지 못하고 있었다. 따라서 증기기관과 열을 연구하던 과학자들의 최대 관심사는 열의 본성이 무엇인지를 밝혀내고, 그것을 바탕으로 열기관의 작동원리를 설명하는 것이었다.

증기기관의 작동원리를 연구하던 과학자들은 물레방아가 작동하는 방식과 증기기관이 작동하는 방식에 공통점이 있다는 것에 주목했다. 물레방아가 작동하기 위해서는 높은 곳에서 낮은 곳으로 떨어지는 물이 있어야 하는 것과 마찬가지로 증기기관이 작동하기 위해서는 높은 온도에서 낮은 온도로 흐르는 열이 있어야 했다. 증기기관은 고온의 보일러에서 저온의 콘덴서로 열이 흘러가면서 작동하기 때문에

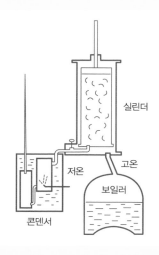

실린더

저온   고온

보일러

콘덴서

■ 와트의 증기기관은 고온의 보일러에서 저온의 콘덴서로 열이 흘러가면서 작동한다.

연료를 때서 발생시킨 열이 있어야 하고, 열이 흘러갈 수 있도록 높은 온도의 열원과 낮은 온도의 열원이 있어야 작동할 수 있다.

따라서 과학자들 중에는 물레방아가 물이라는 물질이 가지고 있는 에너지를 이용해 작동하는 것처럼 증기기관도 높은 온도의 열원으로부터 낮은 온도의 열원으로 흐르는 눈에 보이지 않는 물질이 가지고 있는 에너지를 이용해 작동한다고 생각하는 사람들이 나타났다. 그들은 높은 온도에서 낮은 온도로 흐르는 이 물질을 열소라고 불렀고, 열은 열소라는 물질의 화학 작용이라고 설명했다.

그러나 열이 열소라는 물질의 화학 작용이라는 생각에 반대하는 사람들도 나타났다. 그들은 열이 운동의 한 형식이라고 주장했다. 요즘 말로 바꾸면 열도 에너지의 한 형태라는 것이다. 1800년대 초까지는 두 이론이 팽팽하게 대립했다. 열역학의 본격적 발전은 두 이론의 대립을 해결하고 올바른 이론을 바탕으로 증기기관의 작동원리를 설명할 수 있을 때까지 기다려야 했다.

그렇다면 열의 본성을 설명하는 두 가지 이론의 대립은 어떻게 전개되었으며, 어떻게 해결되었을까? 그리고 증기기관의 작동원리와 관련된 본격적인 연구는 어떻게 시작되었을까?

블랙과 라부아지에의 열소설

1700년대에 이미 열을 이용하여 동력을 얻어내는 열기관이 개발되기 시작했고, 1800년대 초에는 열기관을 이용하여 달리는 증기기관차와 증기선이 운행되었다. 그러나 열에 대한 체계적인 연구는 아직 이루어지지 않고 있었다. 열기관이 널리 사용되자 유럽 여러 나라들은 열효율이 더 좋은 열기관을 만들기 위한 경쟁을 벌였다. 열효율이 좋은 열기관을 만들기 위해서는 열이 무엇인지, 그리고 열기관이 어떻게 작동하는지를 이해해야 했다.

과학자들은 위에서 아래로 떨어지는 물의 힘을 이용하여 작동하는 물레방아와 높은 온도에서 낮은 온도로 흐르는 열을 이용하여 작동하는 열기관을 같은 방법으로 설명하려고 했다. 물레방아가 작동하는 경우 위에서 아래로 떨어지는 물의 양은 변하지 않고 물이 가지고 있던 위치 에너지가 운동 에너지로 바뀐다. 마찬가지로 열기관에서는 높은 온도에서 낮은 온도로 열소라는 물질이 흐르고 있으며 열기관을 작동시키는 것은 열소가 가지고 있던 에너지라고 했다.

열을 열소라는 눈에 보이지 않는 물질의 화학 작용이라고 설명하는 열소설을 주장한 사람은 스코틀랜드에 있는 글래스고대학의 화학 교수였던 조지프 블랙(1728~1799년)이었다. 블랙은 최초로 이산화탄소를 발견하고는 고정공기라고 불렀으며, 1761년에는 물질의 상태 변화에 소요되는 열인 잠열을 발견하였다. 그는 얼음이 섞여 있는 물에 열을 가하면 온도가 올라가는 것이 아니라 물의 양이 증가한다는 것을 발견하고, 이때 가해준 열은 얼음이 물로 변하는 데 사용된다고 설명했다. 잠열의 발견은 화학 발전에 크게 기여한 중요한 발견이었다. 그는 또한 비열이 물질에 따라 다르다는 것을 알아내기도 했다.

글래스고대학에서 공작실을 운영하던 제임스 와트와도 가깝게 지냈던 블랙은 와트가 하고 있던 증기기관을 개량하기 위한 연구를 도와주기도 했으며, 와트에게 연구비를 지원했던 존 로벅을 소개해 주기도 했다. 블랙이 발견한 잠열은 증기기관의 작동을 이해하는 데 중요한 역할을 했다.

증기기관에 많은 관심을 가지고 있었던 블랙은 증기기관의 작동을 설명하기 위해 1770년에 열소설을 제안했다. 그는 열소는 모든 물체에 스며들어 있는 유체이며, 열은 열소의 화학 작용이라고 주장했다. 그가 열소설을 주장한 것은 열소설을 이용하면 열기관의 작동을 쉽게 설명할 수 있었기 때문이었다. 그는 물레방아를 돌리는 동안 물의 양은 변하지 않고 물이 가지고 있던 에너지만 변하는 것처럼 열기관이 작동하는 동안에 열소의 양은 변하지 않고 열소가 가지고 있던 에너지가 동력으로 전환된다고 설명했다.

화학반응이 일어나는 동안 질량이 보존된다는 질량보존의 법칙

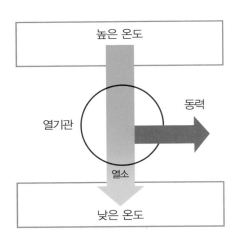

■ 열소설로 설명한 열기관의 작동 원리

과 산화와 연소가 모두 물질이 산소와 결합하는 화학반응이라는 것을 밝혀내어 근대 화학의 아버지라고 불리는 프랑스의 앙투안 라부아지에도 열소설을 받아들였다. 1789년에 라부아지에가 출판한 『화학원론』에 실려 있는 원소표에는 열소가 칼로릭이라는 이름으로 포함되어 있었다.

럼퍼드의 운동설

많은 과학자들이 열소설을 받아들였던 것과는 달리 미국에서 태어나 영국을 비롯한 유럽 여러 나라에서 활동했던 벤저민 톰슨 럼퍼드는 열소설을 받아들이지 않고 열은 운동의 한 가지 형식이라고 주장했다. 미국 독립전쟁 기간 동안 영국군 편에서 활동했던 럼퍼드는 전쟁이 끝난 후 영국으로 이주하여 영국의 관리로 일하면서 군함을 설계하기도 했으며, 독일 동남부를 통치하고 있던 바이에른 왕국으로 건너가 군대를 재조직하고 육군 장관으로 일하기도 했다. 그는 이런 활동으로 영국으로부터는 기사작위를 받았고, 신성로마제국으로부터는 백작의 작위를 받았다. 원래 이름은 벤저민 톰슨이었지만 백작 작위를 받은 후부터 럼퍼드 백작으로 불리게 되었다.

과학자로서는 특이한 이력을 가지고 있던 럼퍼드는 대포와 화약, 그리고 열과 관련된 현상에 관심을 가지고 많은 실험을 했으며, 고체의 비열을 측정하는 방법을 고안하기도 했다. 모피, 양모, 깃털과 같

은 다양한 물질의 단열 성능에 대해 실험했던 럼퍼드는 공기는 대류를 통해서만 열을 전달할 뿐 전도를 통해서는 전혀 열을 전달하지 않는다는 잘못된 주장을 하기도 했다. 그는 후에 액체도 전도에 의해서는 열을 전달하지 않는다고 주장하여 많은 과학자들로부터 비판을 받았다.

럼퍼드의 열에 관한 연구 중에서 가장 중요한 실험은 독일의 뮌헨에서 행해졌다. 럼퍼드는 뮌헨에서 대포의 포신을 깎을 철봉을 물에 잠기게 한 후 특별히 준비한 둔한 천공기를 이용하여 내부를 깎아냈다. 천공기에서 발생하는 열에 의해 물이 끓는 데는 한 시간 반 정도 걸렸다. 천공기를 계속 작동시키자 열이 계속 발생했다. 그는 천공기를 계속 작동하면 포신을 녹일 수 있을 정도로 많은 열을 발생시킬 수 있을 것이라고 주장했다. 그는 또한 내부를 깎아서 만든 대포와 깎여나간 부스러기의 비열을 측정해 보았지만 깎아내기 전과 아무런 변화가 없었다.

이 실험결과를 바탕으로 럼퍼드는 열이 금속 안에 들어 있던 열소의 작용이 아니라 천공기의 운동으로 인해 발생한 것이라고 주장했다. 그는 열이 열소의 작용이라면 천공기를 이용하여 깎아낸 부스러기에는 열소가 조금밖에 포함되어 있지 않아 비열이 달라져야 한다고 주장했다. 그는 금속 내부에 금속을 녹이고도 남을 정도의 열소가 포함되어 있으면 금속을 낮은 온도로 유지하는 것이 불가능할 것이라고 했다. 게다가 금속을 깎을 때 나오는 부스러기를 마찰시키자 다시 열이 발생했다. 따라서 열은 금속 속에 들어 있던 열소라는 눈에 보이지 않는 물질 때문에 생기는 것이 아니라 천공기의 운동이 열로 바뀐 것이라고 주장했다.

럼퍼드는 이런 실험결과를 1798년에 〈마찰에 의해 발생하는 열의 근원과 관련된 실험적 의문〉이라는 논문으로 발표했다. 아직 에너지라는 개념이 확립되어 있지 않았던 때여서 그는 열도 에너지의 한 종류라고 설명하는 대신 열이 운동에 의해 발생한다고 설명했다. 럼퍼드는 운동과 열의 관계에 대해 더 자세한 실험을 하지는 않았지만 그의 연구는 후에 열역학 제1법칙이 성립되는 데 크게 기여했다.

영국의 화학자로 볼타전지를 이용하여 알칼리 금속과 알칼리 토금속을 전기분해하는 데 성공하여 전기 화학의 기초를 닦은 험프리 데이비(1778~1829년)도 실험을 통해 열도 에너지라고 주장했다. 데이비는 얼음에 열을 가해주지 않고 그냥 비비기만 해도 얼음이 녹는다는 것을 실험을 통해 보여주었다. 그것은 얼음을 녹이는 데 사용된 열이 외부에서 들어온 열소에 의해 나온 것이 아니라 얼음을 비비는 데 사용된 운동의 일부가 전환된 열이라는 것을 의미했다. 데이비는 진공 속에서 두 개의 금속을 마찰시킬 때 발생하는 열로 양초를 녹이는 실험을 하기도 했다.

그러나 이러한 일련의 주장이나 실험에도 불구하고 1800년대 초의 많은 과학자들은 열소설을 선호했다. 에너지라는 개념이 아직 생소했을 뿐만 아니라 열소설이 열기관의 작동을 더 잘 설명할 수 있었기 때문이었다(실제로는 잘못된 설명이었지만). 열기관이 작동하기 위해서는 열을 공급하는 높은 온도의 열원과 열을 방출하는 낮은 온도의 열원이 있어야 한다는 것을 운동설로는 설명할 수 없었다.

카르노와 열기관의 열효율

열소설을 바탕으로 열기관의 열효율 문제를 체계적으로 분석하여 열역학을 한 단계 발전시킨 사람은 프랑스의 니콜라 레오나르 사디 카르노였다. 초기의 증기기관은 주로 영국에서 개발되었기 때문에 뒤늦게 증기기관을 사용하기 시작한 프랑스의 증기기관들은 성능이 별로 좋지 않았다. 영국에서는 더 좋은 증기기관을 만들기 위해 이미 많은 연구가 진행되고 있었다. 이러한 사실을 알게 된 카르노는 프랑스 산업의 발전을 위해 성능이 향상된 증기기관을 만들어야겠다고 생각했다. 그는 성능이 좋은 증기기관을 만들기 위해서는 우선 열기관이 작동하는 원리와 열기관의 열효율에 대한 체계적인 연구가 필요하다고 보았다.

나폴레옹 통치 시절 내무부 장관을 지낸 아버지로부터 교육을 받은 카르노는 당시 프랑스에서 가장 유명했던 에꼴 폴리테크를 졸업한 후 군인이 되었다. 하지만 나폴레옹이 전쟁에서 패배한 후 아버지가 독일로 망명하자 군대를 제대하고 대학으로 돌아왔다. 이때부터 그는 열기관에 관심을 가지고 더 성능이 좋은 열기관을 만들기 위한 이론적 연구에 전념했다.

카르노는 28세 때인 1824년에 열기관의 작동원리를 체계적으로 분석한 〈불의 동력 및 그 힘의 발생에 적합한 기계에 관한 고찰〉이라는 논문을 발표했다. 그러나 36세였던 1832년에 콜레라로 사망하는 바람에 그의 연구는 더 이상 진척되지 못했다. 콜레라로 죽으면 모든 유품을 폐기하던 관습에 따라 그의 논문도 모두 폐기되어 사람들의 관심을 끌지 못하다가 20년이 지난 후에야 열역학 발전에 크게 공헌한 켈빈에 의해 세상에 알려지게 되었다.

카르노는 그의 논문에서 지구 대기권에서 일어나는 여러 가지 변화, 즉 구름의 이동, 눈과 비 같은 현상이 모두 열과 관련이 있으며, 지진이나 화산의 원인도 열이라고 주장하고, 열을 이용하여 작동하는 열기관의 중요성에 비해 열기관에 대한 연구가 제대로 이루어지지 않고 있다고 지적했다.

카르노의 연구 목표는 열효율이 더 좋은 열기관을 만드는 것이었다. 온도가 높은 곳에서 받은 열을 이용해 동력을 발생시키고 온도가 낮은 곳으로 나머지 열을 방출하면서 작동하는 열기관은 높은 온도의 열원으로부터 받은 열량을 더 많이 동력으로 전환시키면 열효율이 좋은 기관이라 할 수 있다. 다시 말해 열기관의 열효율은 높은 온도에서 받은 열량과 생산해낸 동력의 비였다.

그는 열기관의 열효율은 얼마든지 좋아질 수 있는가, 아니면 어떤 기술적 진보를 통해서도 뛰어넘을 수 없는 사물의 본성에 기인하는

■ 사디 카르노(1796~1832년) (출처 : 위키백과)

한계에 의해 제한되어 있는가, 하는 문제의 답을 얻기 위해 체계적인 분석을 시작했다. 그는 또한 당시 열기관에서 사용하고 있던 수증기보다 더 좋은 작업 물질이 없는가 하는 문제에 대해서도 알아보기로 했다.

카르노가 사물의 본성에서 오는 한계라고 한 것은 열기관의 구조나 열기관의 종류에 관계없이 보편적으로 적용되는 열효율의 한계를 의미했다. 카르노가 가진 의문은 열기관의 열효율에는 어떤 열기관도 넘어설 수 없는 물리학적인 한계가 있느냐 하는 것이었다. 카르노가 열효율에도 한계가 있을지 모른다고 생각한 것은 열기관이 물레방아와 같은 원리로 작동한다고 보았기 때문이었다.

물레방아가 물로부터 얻을 수 있는 동력은 떨어지는 물의 높이 차와 물의 양에 의해 정해지는 최댓값을 넘을 수가 없다. 물레방아가 물에서 얻을 수 있는 에너지의 최댓값은 mgh라는 식으로 나타내지는 물이 가지고 있는 위치 에너지로 물레방아의 종류와는 관계가 없다. 카르노는 열기관에도 열기관의 종류와는 관계없이 항상 적용되는 이런 한계가 있을 것이라고 생각하고 이 한계에 대해 알아보기로 한 것이다.

카르노는 증기기관이 수증기에 의해 작동되는 것처럼 보이지만 수증기는 단지 열을 운반하는 역할을 할 뿐이고, 동력을 발생시키는 것은 열 그 자체라고 생각했다. 카르노는 열이 열소라는 물질의 화학작용이라고 주장한 열소설과 운동의 일종이라고 주장한 운동설 중에서 어떤 것을 받아들여야 할지에 대해 곤혹스러워했지만, 열소설을 바탕으로 열기관의 열효율 문제를 다루기로 했다.

카르노는 열은 높은 온도에서 낮은 온도로 흐를 뿐만 아니라 물체의 부피가 변할 때도 열이 이동한다는 데 주목했다. 기체가 팽창하면서 외부에 일을 해주면 온도가 내려가 주위의 열을 흡수하고, 외부에서 해준 일에 의해 압축되면 온도가 올라가 주위로 열을 방출한다. 반대로 외부에서 열을 흡수해 온도가 높아지면 기체가 팽창하면서 외부에 일을 해준다. 카르노는 열을 이용해 동력을 얻어내는 열기관에서는 두 가지 다른 형태의 열의 흐름이 일어난다고 보았다. 하나는 열이 높은 온도에서 낮은 온도로 흘러가는 열의 흐름이고, 또 하나는 부피의 변화에 동반된 열의 흐름이었다.

열이 이동하는 두 가지 경우
① 온도 차가 있을 때
② 부피의 변화가 있을 때

이 두 가지 열의 흐름은 전혀 다른 성질을 가지고 있었다. 높은 온도에서 낮은 온도로 흘러간 열은 다시 높은 온도로 흘러가지 않는다. 그러나 부피의 변화에 의해서 발생하는 열의 흐름은 반대 방향으로도 진행될 수 있다. 예를 들어 기체가 팽창하면서 주위의 기체를 밀어내는 일을 하면 기체의 온도가 주위의 온도보다 낮아져 주위로부터 열을 흡수한다. 기체가 팽창하면서 만들어낸 동력을 이용해 반대로 기체를 압축하면 기체의 부피가 원래의 부피로 돌아가면서 온도가 올라가 주위로 열을 방출한다.

이렇게 주위에 아무런 영향을 남기지 않고 반대 방향으로 반응이 진행되어 원래의 상태로 돌아갈 수 있는 변화를 가역적인 변화 또는 가역과정이라고 한다. 높은 온도에서 낮은 온도로 열이 흘러가는 것과 같이 한쪽 방향으로만 반응이 진행되는 변화는 비가역적인 변화, 또는 비가역과정이라고 한다.

가역과정과 비가역과정

① 가역과정 : 반대로 작동하여도 원래의 상태로 되돌리는 것이 가능한 과정 예) 부피의 변화에 동반된 열의 흐름
② 비가역과정 : 반대로 작동하면 원래의 상태로 되돌리는 것이 불가능한 과정 예) 온도 차에 의한 열의 흐름

카르노는 이 두 가지 열의 흐름 중에서 부피 변화에 동반된 열의 흐름이 열기관이 동력을 생산하는 데 중요한 역할을 하는 반면, 높은 온도에서 낮은 온도로 흘러가는 열은 동력의 생산과는 관계없이 낭비되는 열이라고 생각했다. 따라서 열기관의 열효율을 향상시키기 위해서는 온도 차에 의해 흘러가는 열의 양을 최소로 하고, 가능하면

많은 열이 물체의 부피의 변화와 관련하여 이동하도록 하면 될 것이라고 생각했다.

카르노 기관

카르노는 이런 생각을 바탕으로 반대 방향으로도 작동할 수 있는 이상적인 열기관을 고안했다. 이 기관은 열기관이 작동하는 모든 과정에서 열의 이동이 물체의 부피 변화를 통해서만 일어나도록 하고, 온도 차에 의한 열의 이동은 일어나지 않게 한 기관이었다. 다시 말해 이상기관은 가역과정에 의해서만 작동하도록 고안한 열기관이었다. 가역과정을 통해서만 작동하기 때문에 반대 방향으로도 작동할 수 있는 이상기관을 가역기관이라고도 한다.

높은 온도의 열원에서 열을 흡수해 부피를 팽창시켜 동력을 만들어내고 낮은 온도로 열을 방출하는 것이 가역기관이 순방향으로 작동하는 것이라면, 외부 동력을 이용해 열기관에 일을 해주어 낮은 온도에서 열을 흡수하였다가 높은 온도의 열원으로 방출하는 것이 가역기관이 역방향으로 작동하는 것이다. 가역과정을 통해서만 작동되는 가역기관과는 달리 보통의 열기관이 작동하는 동안에는 열이 온도 차에 의해서 이동하는 비가역과정이 포함되어 있기 때문에 역방향으로는 작동할 수 없다.

카르노가 구상한 이상기관을 카르노 기관이라고 부른다. 후에 다른 과학자들도 여러 가지 다른 형태의 이상기관을 제안했으므로 카르노 기관은 여러 가지 이상기관 중 하나이다. 카르노 기관은 다음과 같은 과정을 통해 작동한다.

카르노 기관이 작동하는 네 가지 과정

① 열기관의 온도를 높은 열원의 온도와 같게 유지하면서 높은 온도에서 열을 흡수해 부피를 팽창시킨다(등온팽창).
② 열이 들어오고 나가지 못하도록 단열하고 부피를 팽창시켜 열기관의 온도를 낮은 열원의 온도와 같은 온도로 낮춘다(단열팽창).
③ 열기관의 온도를 낮은 열원의 온도와 같도록 유지하고, 부피를 서서히 수축시키면서 열을 저온으로 방출한다(등온압축).

④ 열이 들어오고 나가지 못하도록 단열하고 부피를 수축시켜 열기관의 온도를 고온의 열원의 온도로 높인다(단열압축).

카르노 기관이 이상적으로 작동되기 위해서는 열을 흡수하거나 방출할 때 열원과 열기관 사이에 온도차가 생기면 안 된다. 따라서 열기관의 온도를 열원의 온도와 같게 유지하면서 부피 변화를 통해 열을 흡수하거나 방출해야 한다. 그러기 위해서는 열원과 평형상태를 유지할 수 있도록 아주 천천히 움직여야 하기 때문에 열기관이 아주 느리게 작동해야 한다. 따라서 카르노 기관은 실제로 작동하는 열기관은 될 수 없지만 열기관의 효율에 한계가 있는가 하는 문제에 대한 답은 제공해줄 수 있는 중요한 열기관이라 할 수 있다.

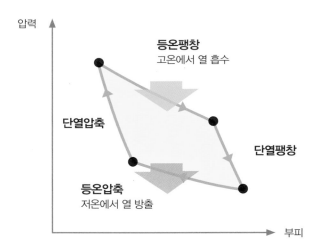

■ 카르노 기관은 가역과정을 통해서만 작동하는 가역기관이다.

열효율의 최댓값

카르노는 카르노 기관과 같은 가역기관의 열효율이 열기관을 통해 얻을 수 있는 열효율의 최댓값이라는 것을 논리적으로 증명했다. 카르노는 카르노 기관보다 더 좋은 열효율을 가지는 열기관이 있다면 외부에서 에너지를 공급하지 않아도 계속 동력을 만들어낼 수 있는 영구기관을 만드는 것이 가능하다는 것을 보여주었다. 실제로는 존재할 수 없는 영구기관을 만들 수 있다는 것은 가역기관의 열효율보다 더 나은 열효율을 가지는 열기관이 있을 수 없다는 뜻이 된다. 그렇다면 카르노는 어떤 방법으로 가역기관의 열효율보다 더 나은 열기관을 만들 수 없다는 것을 증명했을까?

카르노는 가역기관보다 더 좋은 열효율을 가지는 열기관이 존재할 수 없다는 것을 보여주기 위해 우선 가역기관보다 더 좋은 열효율을 가지는 열기관이 존재한다고 가정했다. 가역기관보다 더 좋은 열효율을 가지는 열기관은 높은 온도에서 같은 양의 열소를 받아 낮은 온도로 보내면서 가역기관보다 더 많은 동력을 만들어 낼 수 있는 기관이다.

가역기관보다 열효율이 좋은 열기관을 가역기관과 나란히 설치하고, 이 열기관이 생산하는 동력의 일부를 이용해 가역기관을 반대 방향으로 작동시켜 낮은 온도로 흘러간 열소를 다시 높은 온도로 돌려보내면 모든 열소를 다 돌려보내고도 여분의 동력이 남게 된다. 이 것은 결국 아무 대가도 치르지 않고 동력을 만들어낸 결과가 된다.

실제 숫자를 대입해 설명하면 이것을 쉽게 이해할 수 있다. 가역기관이 높은 온도에서 낮은 온도로 1000칼로리의 열을 흘려보내면서 500줄의 동력을 생산한다고 가정하자. 이 열기관은 가역기관이므로 외부에서 500줄을 투입하면 열기관을 반대 방향으로 작동시켜 1000칼로리의 열을 낮은 온도에서 높은 온도에서 돌려보낼 수 있다.

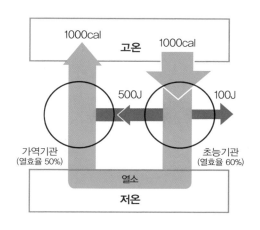

■ 가역기관보다 열효율이 더 좋은 초능기관이 존재하면 열소를 모두 제자리로 되돌려 놓고도 여분의 동력이 남는다.

이제 가역기관보다 열효율이 좋은 초능기관이라고 부르는 열기관이 존재한다고 가정해보자. 초능기관은 높은 온도에서 낮은 온도로 1000칼로리의 열을 흘려보내면서 500줄보다 많은 600줄의 동력을 생산할 수 있는 열기관이다. 초능기관을 작동시키면서 생산한 동력 중 500줄의 동력으로 가역기관을 작동시키면 낮은 온도로 흘러갔던 1000칼로리의 열을 모두 높은 온도로 돌려보낼 수 있다. 이렇게 열을 다 제자리로 돌려보내고도 아직 100줄의 동력이 남게 된다. 이 100줄의 동력은 공짜로 얻어진 셈이다.

이렇게 공짜로 동력을 생산해낼 수 있는 기관이 영구기관이다. 그러나 영구기관은 가능하지 않다. 인간이 기계를 만들기 시작하면서부터 영구기관을 만들려는 무수한 시도가 있었지만 모두 실패로 끝났다. 따라서 카르노는 가역기관, 즉 카르노 기관보다 더 좋은 효율을 가지는 열기관은 존재할 수 없다는 결론을 얻을 수 있었다.

이로부터 카르노는 같은 온도 차이에서 작동하는 가역기관의 열효율은 모두 같아야 한다는 결론을 이끌어낼 수 있었고, 가역기관의 열효율은 열기관의 종류에 관계없고 두 열원의 온도 차에 의해서만 결정된다는 것도 알아냈다. 카르노는 이러한 결론을 그의 논문에 다음과 같이 정리해 놓았다.

열기관의 효율은 동력을 생산하기 위해 사용하는 작업 물질과 관계가 없다. 생산된 동력의 양은 열소가 이동하는 높은 온도와 낮은 온도의 온도 차이에 의해서만 정해진다.

카르노는 이상기관은 반대 방향으로의 운전이 가능한 가역기관이라는 것과 영구기관은 가능하지 않다는 일반적 원리를 이용해 온도 차에 의해 결정되는 이상기관의 열효율이 열효율의 최댓값이라는 결론을 이끌어냈다. 그러나 카르노는 열기관이 작동하는 동안 열소가 높은 온도에서 낮은 온도로 이동하면서 동력을 발생시킨다는 가정 하에 이런 결론을 이끌어낸 것이다. 후에 열소설은 잘못된 이론이라는 것이 밝혀졌지만 카르노가 얻은 이상기관의 열효율이 열효율의 최댓값이라는 결론은 옳다는 것이 밝혀졌다.

카르노가 얻은 결론

① 열기관의 열효율은 가역기관의 열효율보다 좋을 수 없다.

② 가역기관의 열효율은 열기관을 작동시키는 물질에 따라 달라지지 않고 열기관이 작동하는 높은 온도와 낮은 온도의 온도 차에 의해 결정된다.

카르노가 얻은 결론이 중요한 것은 이 결론이 후에 엔트로피 증가의 법칙을 이용해 다시 증명된 후 열기관의 작동을 설명하는 핵심 이론이 되었기 때문이다. 카르노가 후에 잘못된 것으로 밝혀진 열소설을 이용했음에도 올바른 결론을 이끌어낼 수 있었던 것은 가역기관과 초능기관을 비교한 논리적 분석 방법이 옳았기 때문이었다.

열이 열소의 화학 작용이라는 열소설을 받아들이지 않은 과학자들은 카르노가 열소설을 취했다는 이유로 그의 분석 방법을 불신했을 뿐만 아니라, 열효율에 상한선이 있다는 카르노의 결론도 잘못되었다고 단정했다. 잘못된 가정을 바탕으로 얻어낸 결론이 옳을 리가 없다는 것이 그들의 생각이었다.

그러나 영국의 물리학자로 글래스고대학과 케임브리지대학을 중심으로 활동하면서 물리학에서는 물론 공업 기술 분야에서도 많은 업적을 남겼던 켈빈은 열기관의 열효율에 최댓값이 존재한다는 카르노의 결론이 매우 중요한 의미를 포함하고 있다고 생각했다. 20년 동안이나 잊혀졌던 카르노의 논문을 찾아내 세상에 소개한 켈빈은 가역기관의 열효율이 열기관의 종류에 관계없이 두 열원의 온도 차이에 의해서만 결정된다는 결론을 유도한 카르노의 증명 방법에 큰 감명을 받았다. 켈빈은 열기관의 문제를 넘어서 열의 본성에 대한 무언가가 그의 논문 속에 숨어 있다고 생각했다. 카르노의 분석결과를 재평가한 켈빈에 의해 카르노의 연구가 널리 알려지게 되었다.

카르노가 열기관의 열효율과 관련한 중요한 사실을 알아내기는 했지만, 그는 아직 잘못된 이론인 열소설에서 벗어나지 못하고 있었다. 따라서 열역학의 과제는 열소설을 이용하지 않고도 어떻게 카르노가 얻어낸 결론을 설명하느냐 하는 것이었다. 그 일을 해내기 위해서는 우선 열이 열소라는 물질의 화학 작용이 아니라 에너지의 한 종류라는 것을 밝혀내야 했다.

열역학 산책

우리말과 영어의 차이

영어를 사용하는 외국에 나가 생활하다 보면 우리말과 영어 사이의 언어 습관 차이로 인해 곤란한 일을 겪는 일이 종종 발생한다. 우리는 상대방의 질문에 동의하면 "예"라고 대답하고 동의하지 않으면 "아니요"라고 대답한다. 그러나 영어에서는 질문의 내용과 관계없이 내용이 긍정이면 "Yes"라고 대답하고 부정이면 "No"라고 대답한다.

예를 들면 상대방이 "오늘 학교에 가지 않을 거니?"라고 물었을 때 우리말에서는 가지 않으려면 "예"라고 대답하고 갈 예정이면 "아니요"라고 대답한다. 그러나 영어에서는 가지 않으려면 "No"라고 대답하고 갈 예정이면 "Yes"라고 대답한다. 우리말과 영어의 이런 차이를 잘 알고 있는 외국 사람들은 우리가 말하는 "예"와 "아니요"의 의미가 무엇인지를 다시 확인하는 경우도 많다.

'Yes', 'No'와 마찬가지로 외국 사람들과의 대화에서 우리를 어렵게 만드는 단어가 'hot'이라는 단어이다. 'hot'은 '뜨겁다'는 의미와 '맵다'라는 의미

를 가지고 있다. 많은 경우 앞뒤 상황에 따라 hot이 '뜨겁다'라는 의미로 사용되었는지 아니면 '맵다'라는 의미로 사용되었는지 알 수 있다. 그러나 뜨거우면서 맵기도 한 우리나라 음식을 먹을 때는 'hot'이라는 말이 어떤 것을 의미하는지 헷갈릴 때가 있다.

한국 음식을 먹으면서 외국 사람에게 "This food is very hot."이라고 말하면 어떤 사람은 뜨겁다는 의미로 받아들이고 어떤 사람은 맵다는 의미로 받아들인다. 따라서 뜨겁다는 것을 확실히 하고 싶을 때는 "This food is temperature hot."이라고 말해야 하고, 맵다는 것을 확실히 하고 싶으면 "This food is spicy hot."이라고 말해야 한다.

영어에서 뜨겁다는 것과 맵다는 것을 모두 hot이라고 표현하게 된 것은 뜨거운 것과 매운 것을 비슷한 작용으로 이해했기 때문이었을 것이다. 고추가 매운 것은 고추 안에 들어 있는 화학물질이 혀를 자극하기 때문이다. 에너지설이 받아들여지기 전까지 널리 받아들여졌던 열소설에서는 뜨겁다는 것도 열소라는 물질의 화학 작용이라고 생각했다. 따라서 뜨거운 것과 매운 것을 모두 hot이라는 단어로 나타내게 되었는지도 모른다.

6장

에너지 보존법칙

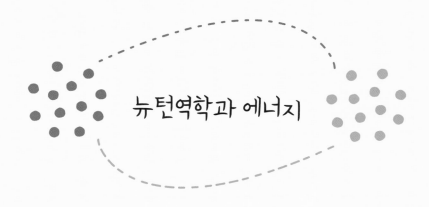

뉴턴역학과 에너지

1687년에 영국의 아이작 뉴턴(1642~1727년)은 『자연철학의 수학적 원리』라는 제목의 3권으로 된 책을 출판했다. 이 책은 원리라는 뜻을 가지고 있는 라틴어 'principia'를 따서 『프린키피아』라는 이름으로 더 널리 알려져 있다. 뉴턴역학의 내용이 담겨져 있는 이 책은 인류 역사를 바꿔 놓은 가장 위대한 과학 책 중 하나로 평가되고 있다.

뉴턴역학이 등장하기 전에는 고대 그리스에서 확립된 아리스토텔레스 역학을 이용하여 힘과 운동을 설명했다. 아리스토텔레스 역학에서 힘은 운동 상태를 유지하는 데 필요하다고 했다. 따라서 힘을 가하면 물체가 움직이고, 힘을 가하지 않으면 정지한다고 설명했다. 그러나 뉴턴은 힘은 운동을 계속하도록 하는 데 필요한 것이 아니라 운동 상태를 변화시키는 데 필요한 것임을 밝혀냈다. 뉴턴역학의 이런 내용은 운동 방정식이라고 부르는 $F=ma$라는 식에 잘 나타나 있다.

이 식에서 F는 힘을 나타내고, a는 운동의 변화를 나타내는 가속도이다. 따라서 이 식은 힘이 가해지지 않으면 운동이 변하지 않지만 힘을 가하면 운동이 변하

는데, 운동이 변하는 크기는 가해준 힘에 비례
한다는 의미를 포함하고 있다. 힘과 운동의 관
계를 새롭게 정의한 이 식과 중력 법칙을 이용
하여 뉴턴은 태양 주위를 돌고 있는 천체들의
운동을 성공적으로 설명할 수 있었다.

그러나 뉴턴이 제시한 역학 체계에는 에
너지라는 개념이 포함되어 있지 않았다. 현재
우리가 사용하는 에너지라는 양을 처음 도입
한 사람은 영국의 의사로서 물리학, 공학, 생리

■ 에너지 개념을 도입한 토마스 영
(1773~1829년) (출처 : 위키백과)

학, 언어학 분야의 연구에서 많은 업적을 남긴 토마스 영이었다. 열네 살 때부터 그
리스어와 라틴어를 비롯한 여러 가지 언어를 공부했던 영은 후에 나폴레옹이 이집
트 원정 때 발견한 로제타석을 해석하는 데 크게 공헌하기도 했다.

열아홉 살이던 1792년에 영국에서 의학을 공부하기 시작한 영은 1796년 독일
의 괴팅겐대학에서 의학박사 학위를 받고 의사가 되었다. 1799년 런던에서 병원을
개업한 후에도 영은 과학 연구를 계속해 여러 편의 논문을 발표했다. 그러나 의사
로서의 평판이 나빠질 것을 염려해 이 논문들을 익명으로 발표했다.

의사로 개업한 후인 1801년부터 영은 영국왕립연구소의 자연철학 교수가 되어
의학 관련 강의도 했다. 그러나 교수의 업무가 의사 일에 방해가 될 것을 염려해
1803년에 교수직을 사임했고, 그가 2년 동안 했던 강의 내용을 정리하여 1807년
에 『자연철학에 대한 강의』라는 책으로 출판했다. 이 책에는 그동안 그가 했던 물
리학과 관련된 여러 가지 실험 내용이 수록되어 있었다.

영의 업적 중에서 가장 중요한 것은 이중 슬릿을 이용한 간섭 실험을 통해 빛이

작은 입자들의 흐름이 아니라 파동이라는 것을 밝혀낸 것이었다. 이로 인해 뉴턴 이래 100년 가까이 정설로 여겨졌던 입자설 대신 파동설이 차츰 많은 사람들에 의해 받아들여지게 되었다.

영의 업적 중에는 그다지 널리 알려지지는 않았지만 물리학에서 매우 중요한 의미를 가지는 것도 있다. 그것은 현재 우리가 사용하는 에너지의 개념을 제시한 것이다. 뉴턴의 운동 방정식을 이용하면 힘이 가해지는 물체가 어떻게 움직이는지를 분석할 수 있다. 그러나 에너지 개념을 이용하면 훨씬 간단하게 풀 수 있는 문제들도 있다. 19세기의 물리학자들은 에너지 개념을 이용하여 뉴턴역학을 크게 발전시켰다. 따라서 에너지가 뉴턴역학의 핵심 개념으로 자리 잡게 되었다.

역학에서 에너지 개념이 받아들여지자 열역학에서도 에너지 개념을 도입하기 시작했다. 과학자들 중에는 열기관의 작동은 물론 우리가 체온을 유지하고 활동을 하기 위해 음식물을 먹어야 하는 것도 에너지를 이용하여 설명하려는 사람들이 나타났다. 그리고 실험을 통해 역학적 에너지와 열 사이의 관계를 밝혀내기도 했다. 이런 과학자들의 노력으로 열도 에너지의 한 종류라는 것이 밝혀졌고, 열을 포함한 에너지 보존법칙이 확립될 수 있었다.

에너지와 동력, 그리고 일률

힘과 운동을 다루는 역학을 제대로 이해하기 위해서는 에너지와 힘, 그리고 운동량의 관계를 이해하는 것이 필요하다. 일상생활에서는 이 세 가지를 혼동해서 사용하는 경우가 많다. 큰 에너지를 가지고 있는 경우에 힘이 좋다고 이야기하기도 하고, 반대로 힘이 세다고 해야 할 경우에 큰 에너지를 가지고 있다고 이야기하기도 한다. 운동량은 일상생활에서는 거의 사용하지 않고 역학에서만 사용하는 양이지만 운동량에 해당하는 양을 에너지나 힘으로 혼동하여 사용하는 경우도 많다.

운동량은 질량과 속도를 곱한 양이다. 뉴턴의 『프린키피아』에서는 운동량을 운동이라고 했다. 뉴턴역학에 의하면 외부에서 힘이 가해지지 않으면 속도가 변하지 않으므로 운동량도 변하지 않는다. 따라서 외부에서 힘이 가해지지 않으면 운동량 보존법칙이 성립된다. 뉴턴역학의 핵심이 되는 $F=ma$ 라는 식이 바로 운동량 보존법칙을 나타내는 식이다. 외부에서 힘을 가하면 운동량이 변하는데 이때 운동량이 얼마나 빨리 변하는지를 결정하는 것이 힘이다. 다시 말해 힘은 운동량의 시간에 대한 변화율이다. 운동량을 나타내는 단위는 따로 없고 질량(kg), 길이(m), 시간(s)과 같은 다른 단위들을 조합하여 나타낸다.

작은 운동량을 가지고 있는 경우에도 운동량이 빠르게 변하면 큰 힘을 낼 수 있고, 큰 운동량을 가지고 있더라도 천천히 변하면 작은 힘밖에 낼 수 없다. 높은 곳에서 떨어지는 물체는 낮은 곳에서 떨어지는 물체보다 큰 운동량을 가지고 있다. 그러나 낮은 곳에서 떨어지는 물체가 단단한 시멘트 바닥에 떨어져 짧은 시간에 정지하면 높은 곳에서 푹신한 매트 위에 떨어질 때보다 더 큰 힘이 작용한다.

일은 힘에다 그 힘에 의해 움직인 거리를 곱한 양이다. 에너지는 일을 할 수 있는 능력을 말하므로 일과 에너지는 같은 양이다. 에너지에는 운동 에너지, 위치 에너지, 전기 에너지, 열에너지 등 여러 가지 형태의 에너지가 있지만 에너지의 크기는 모두 힘으로 얼마나 먼 거리를 이동시킬 수 있느냐를 나타낸다. 일이나 에너지는 모두 줄(J)이라는 단위를 이용해 나타낸다.

우리는 큰 에너지를 가지고 있는 물체가 큰 힘을 작용할 것이라고 생각하지만 꼭 그렇지 않다. 큰 에너지를 가지고 있어도 긴 거리에서 작용하면 힘이 약해지고, 작은 에너지를 가지고 있는 경우에도 짧은 거리에서 작용하면 큰 힘을 낼 수 있다. 높은 곳에서 떨어지는 물체는 낮은 곳에서 떨어지는 물체보다 큰 운동 에너지를 가지고 있다. 그러나 낮은 곳에서 떨어지더라도 단단한 바닥에 떨어져 짧은 거리에서 정지하면 큰 힘을 가할 수 있고, 높은 곳에서 떨어지더라도 푹신한 매트에 떨어져 정지할 때까지 이동한 거리가 길면 작은 힘이 가해진다. 에너지 중에서 운동 에너지와 위치 에너지를 역학적 에너지라고 한다.

열기관과 관련된 이야기를 하다보면 동력이라는 단어를 많이 사용하게 된다. 그렇다면 동력은 어떤 양일까? 열기관은 열운동에 의한 내부 에너지, 즉 열에너지를 역학적 에너지로 전환하는 장치이다. 우리는 지금까지 역학적 에너지라고 해야 할 경우에 동력이라는 말을 사용한 것이다. 동력이라는 말의 문자적인 의미는 운동하는 힘이라는 뜻이지만 열역학에서는 힘이 아니라 에너지라는 의미로 사용되고 있다. 따라서 동력이라는 말이 올바른 의미로 사용되고 있다고 할 수는 없지만, 열기관이 하는 일을 나타내는 말로 널리 사용되고 있어 이 책에서도 그대로 사용했다.

열기관이 얼마나 일을 잘 하는지는 열기관이 하는 일의 총량보다 단위 시간에 얼마나 많은 일을 하는지를 나타내는 일률을 이용해 나타낸다. 일률의 단위에는 1초에 1줄씩 일하는 것을 나타내는 와트(W)라는 단위가 사용되지만 작업 현장에서는 746와트를 나타내는 마력이라는 단위도 많이 사용되고 있다. 사람들 중에는 일률이 좋은 기계 장치를 힘이 좋다고 이야기하는 사람들도 있지만 이는 정확한 표현이 아니다. 일상생활에서는 그렇게 이야기해도 의미가 통하기 때문에 문제가 되지 않지만 과학적으로는 올바른 표현이 아니다.

마이어와 헬름홀츠의 에너지 보존법칙

1800년대 초에 에너지라는 양이 역학에 도입되기 전까지는 열소설이 열기관의 작동을 설명하는 기본적인 이론이었다. 그러나 열이 물체 운동의 한 가지 형태라는 주장도 무시할 수 없었다. 열소설을 바탕으로 열기관의 열효율에 한계가 있다는 것을 밝혀낸 카르노도 '열이 에너지가 아닐까?' 하고 생각한 흔적을 많이 남겼다.

사후에 발견된 그의 노트에는 '럼퍼드의 실험, 마차의 굴대나 축의 마찰, 실험할 것'이라는 메모가 발견되었다. 그리고 '만약 열이 운동에 의해 만들어진다고 하면 운동에 의해 물질이 만들어진다는 것을 인정해야 하는가?' 하고 스스로 묻고, '물론 아니다. 운동으로부터 생길 수 있는 것은 운동뿐이다.'라고 대답하는 메모를 남기기도 했다. 그러나 그는 메모에서 '열이 운동을 통해 생긴다면 반대로 열에서 운동을 얻어낼 수 있을 것이다. 그렇다면 열기관이 작동하기 위해서는 반드시 높은 온도의 열원과 낮은 온도의 열원이 있어야 하는 것은 무엇 때문일까?'라고 다시 물었다.

문제는 열기관이 작동하려면 반드시 높은 온도의 열원과 낮은 온도의 열원이 있어야 한다는 것이었다. 만약 열이 에너지라면 열기관이 작동하기 위해서 항상 높은 온도의 열원과 낮은 온도의 열원이 있어야 한다는 것을 설명할 수 없었다. 열에너지가 운동 에너지로 변하는 것은 에너지의 형태가 변하는 에너지의 상호변환이다. 열에너지를 운동 에너지로 바꾸는 데 온도가 다른 두 열원이 왜 있어야 할까?

역학에서 에너지의 개념이 널리 받아들여진 1840년대가 되자 열도 에너지의 한 형태라고 주장하는 사람들이 나타나기 시작했다. 독일의 의사였던 율리우스 로베르트 폰 마이어는 동인도 회사 소속의 의사가 되어 인도네시아의 자바로 가기 위해 항해하는 동안 열이 운동으로 바뀌고 운동이 열로 바뀐다는 생각을 하게 되었다. 그는

1841년에 열을 포함한 전체 에너지의 양이 보존된다고 주장하는 내용이 포함된 〈힘의 양적 및 질적 규정에 관하여〉라는 제목의 논문을 발표했다.

이 논문에서 마이어는 음식물이 몸 안으로 들어가서 열로 변하고, 이것이 몸을 움직이게 하는 역학적 에너지로 변한다고 주장했다. 그는 또한 모든 종류의 에너지들이 서로 변환되는 것은 가능하지만 전체 에너지의 양은 보존되어야 한다고 했다. 즉 화학 에너지, 열에너지, 역학적 에너지 등이 서로 같은 종류의 물리적 양이며, 에너지는 만들어지거나 사라지지 않고 보존된다는 것이다. 그는 이런 주장을 뒷받침하기 위해 구체적인 열과 일의 변환 계수를 제시하기도 했다.

마이어는 이 논문을 물리 분야의 전문학술지인『물리학 및 화학 연보』에 보냈다. 하지만『물리학 및 화학 연보』의 편집자는 마이어의 논문이 너무 사색적일 뿐만 아니라 실험적 증거가 충분하지 못하다고 하여 출판을 거부했다. 마이어는 할 수 없이 화학 잡지인『화학 및 약학 연보』에 자신의 논문을 기고하여 1842년에 출판했다.

그는 1842년에는 〈무생물계에 있어서의 힘의 고찰〉, 1845년에는 〈생물 운동 및 물질 대사〉, 1846년에는 〈태양의 빛 및 열의 발생〉, 그리고 1848년에는 〈천체 역학에 관한 기여〉라는 제목의 논문을 발표하고, 우주 전체의 에너지 총량이 보존된다고 주장했다. 그는 태양에서 에너지가 계속 공급되지 않으면 지구는 5000년 안에 식어버릴 것이라고 주장하기도 했다.

그러나 마이어의 이런 노력에도 불구하고 그의 생각은 학계의 인

정을 받지 못했다. 따라서 그는 1842년에 『화학 및 약학 연보』에 발표한 논문을 제외한 다른 논문들은 모두 자비로 출판해야 했다. 자신의 연구결과가 인정받지 못하자 크게 실망한 마이어는 우울증으로 자살을 시도하기도 했으며 정신병원에 수용되기도 했다. 사람들의 관심을 끌지 못했던 그의 논문들은 1862년 아일랜드의 물리학자 존 틴달(1820~1893년)에 의해 재조명되었고, 1869년에는 프랑스 과학아카데미가 수여하는 퐁셀레 상을 받아 에너지 보존법칙을 제안한 공로를 인정받았다. 그러나 이때는 그의 건강이 매우 나빠진 후였다.

마이어와 마찬가지로 독일의 의사였던 헤르만 폰 헬름홀츠도 에너지 보존법칙을 주장했다. 프리드리히 빌헬름의학연구소에서 공부한 후 의사가 된 헬름홀츠는 군의관으로 복무하면서 열과 에너지에 대해 연구했다. 헬름홀츠는 마이어가 1842년에 발표한 논문의 내용을 알지 못한 채 생명체의 열은 생명력에 의한 것이 아니라 음식물의 화학 에너지에 의한 것이라고 주장했다. 이것은 마이어의 주장보다 훨씬 정리된 형태의 에너지 보존법칙이었다.

그는 여러 가지 에너지들이 서로 변환 가능하다고 생각하고, 역학적 에너지에만 적용되던 에너지 보존법칙을 다른 에너지에까지 확장시켰다. 헬름홀츠는 이런 생각이 담긴 논문을 『물리학 및 화학

연보』에 투고했지만, 마이어와 마찬가지로
편집인으로부터 출판을 거부당했다. 헬름홀
츠도 할 수 없이 이 내용을 물리학회 강연
집인 『에너지 보존법칙에 관해서』(1847년)
라는 소책자로 출판할 수밖에 없었다.

헬름홀츠는 에너지 보존법칙을 제안한
것 외에 상태 변화의 방향을 나타내는 자유
에너지라는 개념도 제시하여 열역학의 발전
에 크게 기여하였으며 전자기학, 유체역학,
음향학, 시각이론 등 여러 분야에서 많은 연

■ 에너지 보존법칙을 체계적으로 주장한
헬름홀츠(1821~1894년) (출처: 위키백과)

구 업적을 남겼다. 독일에서는 헬름홀츠를 기념하기 위해 독일의 가
장 큰 과학자 단체를 헬름홀츠협회라고 부르고 있다.

줄의 열의 일당량 실험

독일에서 뿐만이 아니라 영국에서도 에너지 보존법칙에 관심을
가지는 사람들이 나타났다. 실험 전통이 강했던 영국에서는 실험을
통해 이것을 확인하려고 했다. 열과 역학적 에너지 사이의 관계를 실
험을 통해 밝혀낸 사람은 영국의 제임스 프레스코트 줄이었다. 에너
지의 크기를 나타내는 줄(J)이라는 에너지의 단위에 자신의 이름을
남긴 줄은 영국의 부유한 양조장집 아들로 태어났다. 학교에 다니는

■ 실험을 통해 열과 운동 에너지의 관계를 밝혀낸 제임스 줄(1818~1889년) (출처 : 위키백과)

대신 집에서 가정교사를 두고 공부했던 줄은 한때 원자론을 제안한 존 돌턴에게 배우기도 했다.

줄이 20대였던 1840년대에는 열, 전기, 자기, 화학 변화, 그리고 운동 에너지가 서로 변환될 수 있는 에너지라는 것을 과학자들이 인정하기 시작하던 때였다. 하지만 이들 사이의 정확한 관계에 대해서는 아직 잘 모르고 있었다. 줄은 가족이 운영하는 양조장에서 일을 하면서도 과학 실험을 계속했다.

줄은 전기에 대해서도 관심이 많았다. 당시에는 이미 전기를 이용하여 동력을 얻어내는 전기모터가 발명되어 사용되고 있었다. 줄은 전기 에너지가 얼마나 많은 양의 열을 만들어 내는지를 알아보기 위해 전기가 흐를 때 발생하는 열로 물을 데우면서 물의 온도를 측정하여 발생한 열의 양을 계산했다.

이러한 경험을 통해 줄은 물의 온도를 측정하여 발생하는 열의 양을 정확하게 측정하는 방법을 알게 되었다. 실험을 통해 발생하는 열의 양을 정확하게 측정할 수 있게 된 것은 열역학 연구에 큰 도움이 되었다. 전기를 이용하여 발생시킨 열의 양을 측정한 줄은 이번에는 물체가 높은 곳에서 낮은 곳으로 떨어질 때 나오는 에너지를 이용하여 발생시킬 수 있는 열의 양이 얼마인가를 알아보는 실험을 시작했다. 추가 낙하할 때 추에 연결된 회전날개가 물을 휘젓도록 하고, 그때 발생하는 열량을 측정하여 열의 일당량을 결정하는 실험이었다.

열의 양을 측정하는 단위는 칼로리(cal)이고 일이나 에너지의 양을 측정하는 단위는 줄(J)이다. 줄이 실험을 통해 열량과 에너지의 크기 사이의 관계를 밝혀내기 전까지는 칼로리와 줄은 서로 다른 물리량을 나타내는 단위라고 생각했다. 그러나 줄의 실험을 통해 1줄의 에너지는 약 0.24칼로리와 같으며, 1칼로리는 약 4.2줄이라는 것을 밝혀냈다. 이것을 일의 열당량 또는 열의 일당량이라고 한다. 줄의 실험으로 열의 일당량이 밝혀지자 열도 에너지의 한 형태라는 사실을 받아들이게 되었고, 마이어와 헬름홀츠가 주장했던 에너지 보존법칙이 널리 받아들여지게 되었다.

에너지 보존법칙

에너지 보존법칙에 의하면 에너지는 형태가 바뀔 뿐 총량은 변하지 않는다. 물체를 이루고 있는 입자들은 여러 가지 형태의 에너지를 가지고 있다. 입자들 사이의 화학결합 상태에 따른 화학 에너지를 가지고 있는가 하면 원자핵 에너지도 가지고 있고, 전기 에너지도 가지고 있다. 운동하는 물체가 가지고 있는 운동 에너지도 있고, 위치에 따라 가지게 되는 위치 에너지도 있다. 물체를 구성하고 있는 입자들의 열운동에 의한 열에너지도 있다. 이러한 에너지들은 상호 변환이 가능하다. 그러나 에너지의 상호 변환에도 불구하고 열을 포함한 모든 에너지의 총합은 항상 일정하다는 것이 에너지 보존법칙이다.

높은 산 위에 있는 물체는 많은 양의 위치 에너지를 가지고 있다. 이 물체가 산 아래로 굴러내리기 시작하면 속도가 증가하여 운동 에너지가 증가한다. 위치 에너지가 운동 에너지로 바뀌는 것이다. 굴러내리던 물체는 다른 물체와 부딪히면서 열을 발생시킨다. 충돌과 마찰로 운동 에너지가 열에너지로 변하는 것이다. 물체가 정지하면 물체가 가지고 있던 위치 에너지는 모두 운동 에너지를 거쳐 열에너지로 바뀐다. 이러한 에너지의 변환 과정에서 에너지가 만들어지거나 에너지가 사라지는 일은 일어나지 않는다는 것이 에너지 보존법칙이다.

외부에서 물체에 일을 해주거나 물체가 열을 받으면 에너지 보존법칙에 의해 물체의 열에너지가 증가해 온도가 올라가야 하고, 반대로 외부에 일을 해주거나 외부로 열을 내보내면 열에너지가 감소해 온도가 내려가야 한다. 기체가 외부에서 열을 받아들이지 않고 팽창하면 팽창하는 동안 기체를 밀어내면서 외부에 일을 해주게 되어 열에너지가 감소하고 온도는 내려간다. 이것이 단열팽창이다. 반대로 열이 흘러나가지 못하게 막고 압축하여 부피를 감소시키면 기체의 온도가 올라간다. 압축시킨다는 것은 외부에서 기체에 일을 해주는 것이므로 열에너지가 증가되어야 하기 때문이다.

에너지 보존법칙을 이용하면 열기관의 작동 과정을 열소설과는 전혀 다르게 설명할 수 있다. 열기관은 높은 온도의 열원에서 공급받은 열의 일부를 동력으로 전환하고, 나머지 열을 낮은 온도의 열원으로 방출한다. 이때 에너지 보존법칙에 의해 높은 온도에서 공급받은 열량은 동력으로 전환한 열량과 낮은 온도로 방출하는 열량을 합한 것과 같아야 한다. 따라서 열기관이 계속 작동하기 위해서는 높은 온도로부터 열을 계속 공급받아야 한다.

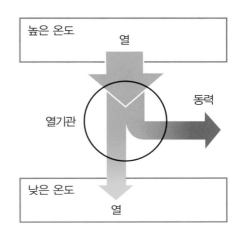

■ 에너지 보존법칙을 이용하여 설명한 열기관의 작동 원리

외부에서 에너지를 공급받지 않고 외부로 일을 해주면 자신이 가지고 있던 내부 에너지, 즉 열에너지를 소모해야 한다. 그러나 물체가 가지고 있는 내부 에너지는 무한하지 않으므로 외부로 계속 일을 해주는 것은 가능하지 않다. 외부에서 열이나 일을 받아들이지 않고 계속 외부로 일을 해줄 수 있는 기관을 영구기관이라고 한다. 영구기관은 에너지 보존법칙으로 인해 가능하지 않게 되었다.

우리는 에너지를 소비한다는 말을 자주 한다. 그리고 에너지를 낭비하지 말자는 말도 자주 한다. 그러나 에너지 보존법칙에 의하면 에너지를 만들어내거나 없앨 수 없다. 에너지는 한 가지 형태의 에너지에서 다른 형태의 에너지로 전환될 뿐 총량은 일정하기 때문이다. 하지만 에너지의 형태가 달라지면 에너지의 효용성이 달라진다. 에너지의 총량은 변함없지만 에너지의 형태에 따라 쓸모가 많은 에너지도 있고 쓸모없는 에너지도 있다. 따라서 에너지를 소비한다는 것은 쓸모 있는 에너지를 쓸모없는 에너지로 바꾼다는 뜻이고, 에너지를 낭비하지 말자는 것은 쓸모없는 에너지로 바꾸는 에너지의 양을 줄이자는 뜻이다.

에너지 보존법칙만으로는 설명할 수 없는 현상들

마이어와 헬름홀츠, 그리고 줄의 노력으로 열도 에너지의 한 형태라는 것이 밝혀져 에너지 보존법칙이 성립된 것은 열역학의 커다란 진전이었다. 그러나 열이 에너지라는 것이 밝혀지고 에너지 보존법칙이 확립되었지만 열기관의 작동원리가 더 잘 이해된 것은 아니었다. 열도 에너지의 한 가지 형태라는 것이 밝혀진 후에도 '열기관이 작동하기 위해서 높은 온도의 열원과 낮은 온도의 열원이 꼭 필요한 이유는 무엇일까?' 하는 카르노의 의문은 아직 그대로 남아 있었다.

높은 온도의 물체가 가지고 있던 열에너지가 모두 동력으로 전환된다고 해도 에너지 보존법칙에 어긋나지 않는다. 따라서 에너지 보존법칙으로는 열기관이 작동할 때 높은 온도에서 얻은 열량의 일부를 낮은 온도의 열원으로 방출하고 일부만 동력으로 바꿔야 하는 것을 설명할 수 없었다.

운동하는 물체가 가지고 있는 역학적 에너지는 모두 열로 전환할 수 있다는 것은 실험을 통해 확인되었다. 그러나 열을 동력으로 전환할 때는 일부의 열을 낮은 온도로 방출하고 일부만 동력으로 전환할 수 있을 뿐이다. 이것은 열을 모두 일로 바꾸는 것이 가능하지 않다는 것을 뜻한다. 역학적 에너지인 일은 100% 열로 바꾸는 것이 가능하지만 열은 100% 일로 바꾸는 것이 가능하지 않다는 것은 에너지의 총량이 같아야 한다는 에너지 보존법칙으로 설명할 수 없는 일이었다.

에너지 보존법칙으로 설명할 수 없는 현상은 그것만이 아니었다. 에너지 보존법칙에 의하면 열이 높은 온도에서 낮은 온도로 흘러가더라도 도중에 다른 에너지로 변하지 않는 한 전체 열의 양은 같아야 한다. 다시 말해 높은 온도에 있는 100칼로리의 열량이 낮은 온도로 흘러가도 그대로 100칼로리여야 하는 것이다. 열이 높은 온도에서 낮은 온도로 흘러가면 열이 사라진다고 생각하는 사람들도 있다. 그러나 에너지 보존법칙에 의해 열이 높은 온도에서 낮은 온도로 흘러가도 열의 총량은 일정해야 한다.

따라서 열이 낮은 온도에서 높은 온도로 흘러가거나 높은 온도에서 낮은 온도로 흘러가거나 열의 총량만 일정하게 유지된다면 에너지 보존법칙에 어긋나지 않는다. 그러나 열은 높은 온도에서 낮은 온도로는 흘러가지만 낮은 온도에서 높은 온도로는 흘러가지 않는다. 이것 역시 에너지 보존법칙으로는 설명할 수 없는 일이었다.

열도 에너지의 일종이며 열을 포함한 에너지의 총량은 일정해야 한다는 에너지 보존법칙은 열기관의 작동도, 열이 높은 온도에서 낮은 온도로만 흐르는 것도 설명할 수 없었다. 따라서 과학자들은 열기관의 작동원리와 열이 높은 온도에서 낮은 온도로만 흐르는 것을 설명해줄 수 있는 또다른 해결 방법을 찾아내야 했다. 놀라운 발상의 전환을 통해 이 문제를 해결한 사람은 독일의 클라우지우스였다.

열역학 산책

다양한 형태의
영구기관들

　　외부에서 에너지를 공급하지 않아도 계속 일을 할 수 있는 기관을 만들 수 있다면 얼마나 좋을까? 외부에서 에너지를 공급해주지 않아도 계속 일을 할 수 있는 기관을 제1종 영구기관이라고 한다. 인류 역사에는 영구기관을 만들려고 시도했던 사람들이 많이 있었다.

　　17세기에 뉴턴역학이 등장하기 전까지는 영구운동과 영구기관을 분리해 생각하지 못했다. 외부에서 에너지를 계속 공급하지 않아도 영원히 움직이는 운동이 영구운동이고, 외부에서 에너지를 공급하지 않아도 일을 계속할 수 있는 기관이 영구기관이다. 17세기 이전에는 영원히 움직이는 물체를 만들면 영구기관을 만들 수 있다고 생각했기 때문에 영구기관을 만들려고 하는 사람들은 영원히 움직이는 장치를 개발하기 위해 노력했다. 마찰을 줄이거나 교묘한 장치를 이용해 아주 오랫동안 움직이는 영구운동 장치를 만든 사람들도 많이 있었다. 그런 장치들 중 하나가 12세기에 인도의 수학자 겸 천문학자였던 바카라가 고

■ 12세기 인도의 수학자 겸 천문학자였던 바카라가 고안한 바카라의 바퀴

안한 바카라의 바퀴이다.

바카라의 바퀴는 올라가는 쪽에서는 추들이 회전축에 가까이 다가오고 내려오는 쪽에서는 추들이 회전축에서 멀어져 더 큰 회전 모멘텀을 작동해 영원히 회전하도록 한 바퀴였다. 그러나 회전축에 가까이 오는 추들의 수가 멀어지는 추들의 수보다 많아 실제로는 영원히 운동하지 않는다. 이와 비슷한 원리로 만들어진 다양한 형태의 영구운동 기관이 만들어졌지만 실제로 영원히 작동하는 것은 하나도 없었다.

영구운동 기관을 만들려고 했던 사람들이 가장 많이 이용한 현상 중 하나는 모세관 현상이었다. 가는 관을 액체에 꽂아놓으면 액체가 관을 따라 올라가는 현상이 모세관 현상이다. 모세관 현상을 이용해 위로 올라간 물을 모아 아래로 떨어지게 하면서 물레방아를 돌리고, 아래로 내려온 물을 다시 모세관 현상을 이용해 끌어올리면 외부에서 일을 해주지 않아도 계속 작동할 것이라고 생각한 것이다.

그러나 모세관 현상에 의해 위로 올라간 물은 관 끝의 높이가 물의 표면보다 낮지 않으면 아래로 떨어지지 않고 그대로 관 안에 머물러 있다. 물을 위로 끌어올린 관의 흡착력이 물을 그대로 잡고 있기 때문이다. 그러나 관 끝의 높이가 물의 표면보다 낮아지면 중력이 흡착력을 이겨 물방울이 아래로 떨어진다.

이 밖에도 영구자석을 이용해 영구기관을 만들려는 사람들도 있었고, 물의 부력을 이용해 영구운동 기관이나 영구기관을 만들려는 사람들도 있었다. 그러나 아직까지 실제로 작동하는 영구기관을 만드는 데 성공한 사람은 없다.

열역학 보존법칙이 확립되어 영구기관이 가능하지 않다는 것이 밝혀진 후에도 영구기관을 만들려는 사람들이 계속 나타나고 있다. 이들의 주장은 모두 잘못된 것이거나 사기로 판명이 났지만 오늘날에도 연료 공급이 필요 없는 기관을 발명해 일확천금을 노리는 사람들과 에너지 보존법칙이 틀렸다는 것을 증명하여 과학자로서의 명성을 얻으려는 사람들이 영구기관 개발을 위해 연구를 계속하고 있다. 학교에서 물리학을 가르치다 보면 영구기관을 발명했다고 찾아오는 사람들을 의외로 많이 만날 수 있다. 잘못된 이론을 바탕으로 실패할 것이 분명한 연구를 하고 있지만 그런 사람들이 가지고 있는 연구에 대한 열정과 집념은 놀라울 정도이다.

7장

열역학 제2법칙과
엔트로피

애국심이 남달리 강했던 클라우지우스

■ 열역학 제2법칙을 제안하여 열역학을 완성한 클라우지우스(1822~1888년) (출처 : 위키백과)

열역학이 당면하고 있던 문제들을 해결하여 열역학을 완성한 루돌프 율리우스 클라우지우스는 독일에서 목사의 아들로 태어났다. 고등학교를 졸업하고 열여덟 살이던 1840년에 베를린대학에 진학한 클라우지우스는 처음에는 역사학을 공부할 생각이었지만 마음을 바꿔 수학과 물리학을 공부하기로 했다. 그는 대학을 졸업한 후 잠시 고등학교에서 물리학과 수학을 가르치기도 했지만 스물네 살이 되던 1846년에 대학원에 입학하여 다음 해 할레대학에서 박사학위를 받았다.

클라우지우스의 박사학위 논문은 하늘이 왜 푸른색으로 보이며, 아침저녁에는 붉은색으로 보이는지를 설명하는 것이었다. 그는 산란이 아니라 굴절과 반사를 이용하여 이것을 설명하려고 했기 때문에 올바른 결론을 내놓지는 못했지만 이 문제를 수학적으로 심도 있게 다루어 논문 심사위원들에게 깊은 인상을 심어 주었다.

박사학위를 받고 2년 후인 1850년에 처음으로 열역학에 대한 논문을 발표했는데 이 논문의 제목은 〈열의 동력에 관해서〉였다. 이 논문은 열역학 제2법칙의 핵심 개념을 포함하고 있어 역사적으로 매우 중요한 논문이다. 이 논문의 중요성을 인정받아 클라우지우스는 1850년 9월 베를린에 있는 왕립공업학교의 교수가 되었고, 12월에는 베를린대학의 시간강사를 겸직했다.

1855년 8월에는 취리히 공과대학의 수리물리학과 학과장이 되었으며 취리히 대학의 교수도 겸직했다. 우수한 과학자들이 많이 있던 취리히는 그가 연구를 계속하기에 적합한 곳이었다. 열역학에 엔트로피를 도입한 논문은 그가 취리히에 있던 기간에 발표되었다. 1867년에는 뷔르츠버그대학으로부터 교수직을 제의받고 취리히를 떠나 독일로 돌아왔고, 1869년에는 본대학 교수가 되었다.

그 당시 철혈 재상으로 불리던 프로이센의 비스마르크는 북부 독일 연합을 창설한 후 남부의 주들마저 독일 연합에 참여시키려고 했다. 비스마르크는 남부 주들을 독일 연합에 참여시키기 위해 프랑스와의 전쟁을 계획했다. 프랑스와의 전쟁이 독일 주들을 단결시키는 계기가 될 것으로 생각했기 때문이었다. 비스마르크가 프랑스를 자극하자 독일을 쉽게 이길 수 있을 것이라고 생각했던 프랑스가 먼저 독일을 공격해 전쟁이 시작되었다. 이때 클라우지우스는 50세로 군에 가기에는 많은 나이였지만 애국심이 남달랐던 그는 학생들과 함께 의무부대를 조직해서 전선으로 달려갔다.

이 전쟁에서 독일군은 프랑스군을 쉽게 격퇴했지만 클라우지우스는 다리에 심각한 부상을 입어 나머지 생을 불구로 지내야 했다. 1871년에 철십자훈장을 받은 그는 1875년 아내가 아기를 낳다가 사망한 후에는 불편한 몸으로 아이들을 직접 돌보았다. 이때의 상황을 그의 동생은 "그는 최고로 그리고 가장 아이들을 사랑하는 아버지였다. 그는 아이들의 학교 숙제를 일일이 챙겼다."라고 회고했다.

다리가 불편한 그에게 말을 타고 다니라고 권유한 의사의 권고를 받아들여 말을 타고 출퇴근한 그는 뛰어난 승마기술을 자랑하기도 했다. 1884년부터 1885년 사이에는 본대학의 총장으로 일하기도 했다. 애국심이 남달랐던 클라우지우스는 애국심으로 인해 열역학 연구에서 문제를 만들기도 했다. 그는 영국이나 프랑스 학자들이 발표한 연구결과를 받아들이려고 하지 않았다. 이 문제로 영국의 맥스웰을 비롯한 많은 학자들과 논쟁을 벌였다.

그럼에도 불구하고 클라우지우스는 열역학 제2법칙을 제안하여 열기관의 작동원리를 설명하였고, 열역학 제2법칙을 통일적으로 설명할 수 있는 엔트로피라는 양을 최초로 제안했기 때문에 열역학을 완성시킨 사람으로 인정받고 있다.

열역학 제1법칙과 제2법칙

클라우지우스는 1850년에 발표한 〈열의 동력에 관해서〉라는 제목의 논문을 통해 열역학이 봉착하고 있던 문제를 해결하는 획기적인 해결 방법을 제안했다. 당시의 과학자들은 열기관이 작동하기 위해 높은 온도의 열원과 낮은 온도의 열원이 필요한 이유를 설명하려고 다각도로 노력하고 있었다. 그들은 이것을 에너지 보존법칙과 연관지어 해결하려고 노력했지만 해답을 찾아내지 못하고 있었다. 그러나 클라우지우스는 전혀 다른 방법으로 이 문제를 해결했다.

클라우지우스는 열이 왜 높은 온도에서 낮은 온도로만 흐르는지를 설명하려고 하는 대신 그것을 열이 가지고 있는 본성의 하나로 받아들이기로 했다. 다시 말해 열이 높은 온도에서 낮은 온도로만 흐르는 것을 새로운 열역학 법칙으로 정하자고 제안한 것이다.

이 새로운 열역학 법칙은 에너지 보존법칙과 양립할 수 있을 뿐만 아니라 열과 관계된 현상을 설명하는 데 매우 효과적이라는 것이 밝혀졌다. 그뿐만 아니라 열소설을 기초로 하여 유도한 카르노의 원리도 새로운 열역학 법칙을 이용하여 유도할 수 있었다. 클라우지우스는 에너지 보존법칙과 새롭게 제안한 법칙을 이용해 열역학의 체계를 세워 나갔다. 클라우지우스가 제시했던 열역학의 법칙들을 그가 쓴 표현대로 정리하면 다음과 같다.

제1법칙 : 일은 열로, 또 열은 일로 변할 수 있다. 그때 한쪽의 양은 다른 쪽의 양과 같다.

제2법칙 : 열은 주변에 아무런 변화를 남기지 않고 저온의 물체에서 고온의 물체로 이동할 수 없다.

클라우지우스로 인해 마이어와 헬름홀츠, 그리고 줄이 주장했던 에너지 보존법칙이 열역학 제1법칙이라고 불리게 되었고, 열이 높은 온도에서 낮은 온도로만 흐르는 것을 나타내는 새로운 법칙은 열역학 제2법칙이 되었다. 열역학 제2법칙의 도입으로 더 이상 왜 열은 높은 온도에서 낮은 온도로만 흐르는지 설명하지 않아도 되었다. 남은 문제는 열역학 제1법칙과 제2법칙을 이용하여 열역학과 관련이 있는 현상들을 체계적으로 설명하는 것뿐이었다.

클라우지우스가 열역학 제2법칙을 제안한 후인 1851년에 출판된 논문에서 켈빈은 또 다른 형태의 열역학 제2법칙을 제안했다.

제2법칙 : 하나의 물체에서 열을 빼내 그것을 모두 같은 양의 일로 바꿀 수 있는 열기관은 존재하지 않는다.

운동 에너지는 모두 열에너지로 바꿀 수 있지만 열에너지는 모두 운동 에너지, 즉 동력으로 바꿀 수 없다는 것을 나타내고 있는 켈빈의 열역학 제2법칙은 열기관의 작동을 통해 확인된 것이었다. 이렇게 하여 열역학 제2법칙은 두 가지 다른 표현이 있게 되었다.

열역학 제2법칙의 두 가지 표현

① 클라우지우스 : 열은 높은 온도에서 낮은 온도로만 흐른다.

② 켈빈 : 열을 100% 일로 바꾸는 것은 가능하지 않다.

켈빈이 제시한 열역학 제2법칙과 클라우지우스가 제시한 열역학 제2법칙이 전혀 다른 내용을 이야기하고 있는 것 같지만 사실은 같은 내용을 담고 있음을 간단히 증명할 수 있다.

우리는 두 명제가 같다는 것을 증명하는 두 가지 방법이 있다는 것을 잘 알고 있다. 한 가지 방법은 A가 옳으면 항상 B가 옳고, 동시에 B가 옳으면 항상 A가 옳다는 것을 증명하는 것이고, 다른 한 가지 방법은 A가 옳지 않으면 B도 옳지 않고, 동시에 B가 옳지 않으면 A도 옳지 않다는 것을 증명하는 것이다. 클라우지우스와 켈빈이 제시한 열역학 제2법칙이 사실은 같은 내용이라는 것을 증명하기 위해서는 두 번째 방법을 사용하면 된다. 즉 클라우지우스가 제시한 법칙이 틀리면 켈빈이 제시한 법칙도 틀리고, 동시에 켈빈이 제시한 법칙이 틀리면 클라우지우스가 제시한 법칙도 틀린다는 것을 증명하는 것이다.

우선 낮은 온도에서 높은 온도로 열이 저절로 흐를 수 없다는 클라우지우스의 표현이 틀렸다고 가정하면, 열이 낮은 온도로부터 외부에 아무런 변화를 남기지 않고 높은 온도로 흘러갈 수 있다. 그런 경우에는 높은 온도에서 열을 받아 일부를 동력으로 바꾼 후 낮은 온도로 버려지는 열을 다시 높은 온도로 흘려보내면 결과적으로 열을

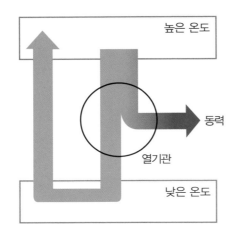

높은 온도

동력

열기관

낮은 온도

■ 열기관이 작동하면서 낮은 온도로 방출한 열을 높은 온도로 흘러가게 할 수 있으면 열을 100% 동력으로 전환할 수 있다.

모두 일로 바꾼 것이 된다. 이것은 열을 모두 일로 바꿀 수 없다고 한 켈빈의 열역학 제2법칙이 틀렸다는 것을 나타낸다.

이번에는 열을 모두 일로 바꿀 수 있는 열기관이 존재할 수 없다는 켈빈의 표현이 틀렸다고 가정하면 열을 모두 운동 에너지로 바꿀 수 있는 열기관이 존재하게 된다. 이런 열기관을 이용하여 낮은 온도에서 열을 받아 모두 동력으로 바꾼 다음 높은 온도에서 다시 열로 바꾸면 열이 낮은 온도에서 높은 온도로 흘러간 결과가 된다. 일단 동력으로 바꾸기만 하면 어떤 온도에도 열에너지로 바꿀 수 있기 때문이다. 따라서 켈빈의 열역학 제2법칙이 옳지 않으면 클라우지우스의 열역학 제2법칙도 옳지 않게 된다. 이것은 클라우지우스의 표현이나 켈빈의 표현이 같은 내용이라는 것을 나타낸다.

클라우지우스는 열역학 제1법칙과 제2법칙을 이용하여 열기관의 열효율에는 최댓값이 존재하며, 그 값은 열기관의 종류나 열기관을 작동시키는 물질과는 관계가 없고 열기관이 작동하는 높은 온도와 낮은 온도에 의해서만 결정된다고 했던 카르노의 원리도 증명할 수 있었다.

클라우지우스는 카르노의 원리를 증명하기 위해 카르노와 마찬가지로 이상기관보다 열효율이 더 좋은 초능기관이 존재한다고 가정했다. 초능기관은 높은 온도의 열원에서 같은 양의 열을 흡수한 후 이상기관보다 더 많은 동력을 생산하고 더 적은 양의 열을 낮은 온도의 열원으로 흘려보내는 열기관이다.

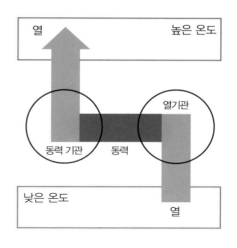

■ 열을 100% 동력으로 전환할 수 있으면 열을 낮은 온도에서 높은 온도로 흐르게 할 수 있다

이런 열기관 옆에 이상적인 열기관을 설치하고 초능기관이 생산하는 동력의 일부를 이용해 이상기관을 반대 방향으로 작동시키면 초능기관이 높은 온도에서 낮은 온도로 흘려보낸 열을 모두 낮은 온도에서 높은 온도로 되돌려 놓을 수 있다.

이것을 카르노의 경우와 같이 숫자를 이용해 설명하면 쉽게 이해할 수 있을 것이다. 이상적인 열기관인 가역기관의 열효율이 50%라고 가정하면 이 가역기관은 높은 온도의 열원에서 500줄의 열량을 받아 그중에 250줄을 동력으로 바꾸고 250줄의 열을 낮은 온도로 흘려보낸다. 250줄의 동력으로 이 이상기관을 반대로 작동시키면 250줄의 열량을 낮은 온도로부터 높은 온도로 흘러가게 할 수 있다.

가역기관보다 열효율이 좋은 초능기관의 열효율이 75%라고 가

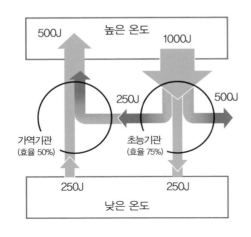

500J	높은 온도	1000J	

가역기관
(효율 50%)

초능기관
(효율 75%)

250J

500J

250J

250J

낮은 온도

■ 초능기관이 존재한다면 공짜로 동력을 생산할 수 있다.

정하면 이 초능기관은 높은 온도에서 1000줄의 열량을 받아 그중 750줄의 열량을 동력으로 바꾸고 나머지 250줄의 열량만 낮은 온도로 흘려보낸다. 이제 초능기관과 이상기관을 나란히 설치하고, 초능기관을 작동시키면서 생산하는 동력 중 250줄로 이상기관을 반대 방향으로 작동시키면 250줄

의 열을 낮은 온도에서 높은 온도로 보낼 수 있다. 그렇게 되면 초능기관이 작동하면서 낮은 온도로 방출했던 열은 모두 높은 온도로 돌아가고, 높은 온도에서 받은 열량 500줄을 모두 동력으로 바꾼 결과만 남게 된다. 이것은 열을 모두 일로 전환하는 것은 가능하지 않다는 열역학 제2법칙에 위반된다. 따라서 가역기관보다 열효율이 좋은 초능기관은 존재할 수 없다.

카르노가 옳지 않은 이론으로 밝혀진 열소설을 바탕으로 이끌어냈던 결론을 클라우지우스는 열역학 제2법칙을 이용하여 증명한 것이다. 두 사람은 모두 가역기관보다 열효율이 좋은 가상적인 초능기관과 이상기관을 동시에 작동한다고 가정하여 이런 결과를 얻어냈다.

우리가 실제로 사용하는 열기관들은 이상기관의 열효율보다 훨

씬 낮은 열효율을 가지고 있다. 따라서 열기관을 만드는 사람들은 가능하면 이상기관의 열효율에 가까운 열기관을 만들기 위해 노력하고 있다. 다시 말해 열기관의 열효율을 개선하기 위해 노력하는 사람들의 목표는 열효율이 100%인 열기관을 만드는 것이 아니라 이상기관, 즉 가역기관의 열효율에 가까운 열효율을 가지는 열기관을 만드는 것이다.

그러나 사람들 중에는 열효율이 100%인 열기관을 만들려고 시도하는 사람들도 있다. 이런 열기관이 있다면 버려진 열을 얼마든지 다시 사용할 수 있어 영원히 작동시킬 수 있다. 그러나 이러한 열기관은 열역학 제2법칙에 어긋나기 때문에 가능하지 않다. 열역학 제2법칙으로 인해 만들 수 없는 영구기관을 에너지 보존법칙으로 인해 만들 수 없는 제1종 영구기관과 구별해 제2종 영구기관이라고 한다.

엔트로피

클라우지우스와 켈빈은 열역학 제2법칙을 제안하여 열기관의 작동원리를 설명하는 데 성공했다. 그러나 과학자들은 두 가지 다른 표현으로 설명되어 있는 열역학 제2법칙에 만족할 수 없었다. 이것은 마치 실제로는 이해하지 못한 현상에 법칙이라는 이름을 붙여서 이해했다고 주장하는 것처럼 보였다. 따라서 과학자들은 열역학 제2법칙을 좀 더 일반적인 형태로 나타내는 방법을 찾아내기 위한 연구를 계속했다. 그들은 열역학 제2법칙과 관련된 새로운 물리량을 찾아내면 이 문제가 해결될 것이라고 생각했다.

클라우지우스는 1850년에 발표한 논문에서도 이미 카르노 기관이 작동하는 동안 보존되는 양이 있다고 제안했지만 그 양에 대해 구체적으로 설명하지는 않았다. 카르노 엔진은 등온과정과 단열과정을 거치면서 고온의 열원에서 열을 흡수해 그중 일부를 동력으로 전환시키고 나머지 열을 저온의 열원으로 방출하면서 작동한다. 이때 온도차에 의해서가 아니라 부피의 변화에 의해서만 열이 이동하도록 한 기관이 카르노 기관이다.

클라우지우스는 카르노 기관이 한 번 작동한 후 원래의 상태로 돌아오는 것은 카르노 기관이 작동하는 동안 보존되는 양이 있기 때문이라고 생각했다. 높은 곳에서 공을 떨어뜨리면 공은 바닥에 부딪힌 다음 다시 원래의 높이까지 튀어 오른다. 그것은 공의 에너지가 보존되고 있기 때문이다. 이처럼 원래의 상태로 돌아오기 위해서는 보존되는 어떤 양이 있어야 할 것이라고 생각한 것이다.

클라우지우스는 1854년에 발표한 논문에서도 그런 양의 존재를 이야기했지만 이 양에 엔트로피라는 이름을 붙이고 이 양을 정확하게 정의한 것은 1865년에 발표한 논문에서였다. 클라우지우스는 가역과정을 거치는 동안에 변하지 않는 양을 열량과 온도를 결합한 양에서 찾으려고 했다. 클라우지우스는 열원에서 열이 들어오고 나갈 때 이 양도 들어오고 나간다고 생각했다. 열이 고온의 열원에서 열기관으로 흡수될 때는 이 양도 함께 흡수되어 내부에 축적된다. 그리고 열기관에서 저온의 열원으로 열이 흘러가면 이 양도 함께 흘러나간 다고 생각했다.

열기관이 작동을 끝내고 원래의 상태로 돌아오기 위해서는 작동 하는 동안 고온의 열원으로부터 흡수했던 이 양을 모두 저온의 열원 으로 내보내야 한다. 반대 방향으로도 작동하는 가역기관이 작동할 때는 열기관이 흡수하는 양과 방출하는 양이 같아야 하지만, 일반적 인 열기관의 경우에는 꼭 같을 필요는 없다고 생각했다.

이제 클라우지우스는 이 새로운 물리량에 이름을 붙여야 할 단계 가 되었다. 클라우지우스는 이 새로운 물리량이 에너지와 비슷한 성 격을 가진다는 점에 주목하여 엔트로피라는 이름을 붙였다. 에너지 의 어원은 힘이나 활력 등을 의미하고, 엔트로피의 어원은 변화를 의 미한다. 변화의 의미를 가진 엔트로피라는 이름을 붙인 것은 열이 동 력으로 전환되는 과정에서 이 양이 중요한 역할을 한다고 생각했기 때문이다. 엔트로피라는 새로운 물리량은 이렇게 해서 세상에 그 모 습을 드러내게 되었다. 클라우지우스는 엔트로피를 열량을 온도로 나눈 양으로 정의했다.

$$\text{엔트로피}(S) = \frac{\text{열량}(Q)}{\text{온도}(T)}$$

한때는 엔트로피를 나타내는 단위로 클라우지우스라는 단위가 사용되기도 했지만 현재는 사용되지 않고 있다. 엔트로피는 열량을 절대온도로 나눈 양이다. 따라서 같은 열량이라도 높은 온도에서는 엔트로피가 작고, 낮은 온도에서는 엔트로피가 크다. 그리고 열이 아닌 다른 형태의 에너지는 엔트로피가 0이다.

클라우지우스는 새로 도입한 엔트로피를 이용하여 열역학 제2법칙의 두 가지 표현을 통일적으로 설명할 수 있었다. 엔트로피는 열량을 온도로 나눈 값이므로 열량이 같은 경우, 높은 온도에 있을 때보다 낮은 온도에 있을 때 엔트로피가 크다. 따라서 열이 높은 온도에서 낮은 온도로 흐르는 것은 엔트로피가 증가하는 변화이고, 반대로 열이 낮은 온도에서 높은 온도로 흐르는 것은 엔트로피가 감소하는 변화이다. 열이 높은 온도에서 낮은 온도로만 흐른다는 것은 열이 엔트로피가 증가하는 방향으로만 흐른다고 할 수 있다. 다시 말해 엔트로피가 증가하는 방향으로만 변화가 일어난다는 것이다.

열을 모두 일로 전환할 수 없다는 켈빈의 표현도 엔트로피를 이용하여 설명할 수 있다. 운동 에너지나 위치 에너지와 같은 역학적 에너지의 엔트로피는 0이다. 따라서 역학적 에너지가 열에너지로 바뀌는 것은 없던 엔트로피가 생겨나는 것임으로 엔트로피가 증가하는 과정이다. 그러나 열에너지가 모두 운동 에너지로 바뀌는 것은 있던 엔트로피가 0으로 되는 것이므로 엔트로피가 감소하는 과정이다. 따라서 열을 모두 일로 바꿀 수 없다는 것은 엔트로피가 증가하는 방향으로만 에너지의 전환이 일어날 수 있다는 것을 뜻한다.

따라서 클라우지우스가 설명한 열역학 제2법칙과 켈빈이 설명한 열역학 제2법칙은 모두 엔트로피 증가의 법칙으로 통합해 설명할 수 있게 되었다. 이상기관이 작동하는 경우에는 엔트로피가 증가하지 않으므로 정확하게 표현하면 엔트로피 감소 불가능의 법칙이라고 해야 할 것이다. 그러나 엔트로피가 보존되는 경우는 특수한 경우이고 일반적인 경우에는 항상 엔트로피가 증가하기 때문에 그냥 엔트로피 증가의 법칙이라고 부르게 되었다. 엔트로피를 이용하여 열역학 제2법칙을 나타내면 다음과 같다.

열역학 제2법칙 - 엔트로피 증가의 법칙
고립된 계에서는 엔트로피가 감소할 수 없다.

엔트로피를 에너지의 효용성을 나타내는 양이라고 설명할 수도 있다. 다시 말해 엔트로피는 에너지가 얼마나 쓸모 있는 에너지인지를 나타내는 양이다. 엔트로피가 낮을수록 효용성이 큰 에너지이다. 따라서 같은 열에너지라도 높은 온도에 있는 열에너지가 낮은 온도에 있는 열에너지보다 효용성이 크다.

에너지 중에서 가장 효용성이 큰 에너지는 운동 에너지나 전기 에너지와 같이 엔트로피가 0인 에너지이다. 그리고 쓸모가 적은 에너지는 낮은 온도로 흘러가버린 열에너지이다. 따라서 절대 0도에 있는 열에너지가 가장 효용성이 작은 에너지이다. 세상은 효용성 큰 에너지가 효용성이 작은 에너지로 바뀌는 방향으로 변해가고 있다.

그러나 엔트로피 증가의 법칙은 모든 경우에 성립하는 법칙이 아니다. 엔트로피 증가의 법칙은 외부와 에너지나 물질을 주고받지 않는 고립계에서만 성립된다. 열기관이 작동하는 경우 높은 온도의 열원은 에너지를 방출하므로 엔트로피가 줄어들고, 낮은 온도의 열원은 열이 흘러들어옴으로 엔트로피가 증가한다. 열기관이 작동하는 동안 열기관 자체의 엔트로피는 증가하거나 감소하지 않는다.

열이 들어오고 나가는 높은 온도나 낮은 온도의 열원은 고립계가 아니므로 따로따로 따지면 엔트로피가 증가하기도 하고 감소하기도 한다. 그러나 높은 온도의 열원, 열기관, 그리고 낮은 온도의 열원을 모두 합쳐 하나의 계라고 보면 외부에서 열이나 물질의 출입이 없으므로 하나의 고립계가 된다. 따라서 엔트로피 증가의 법칙이 성립한다.

이로 인해 열기관이 작동할 때 높은 온도의 열원과 낮은 온도의 열원이 필요한 이유가 명확해졌다. 열기관은 높은 온도에서 받은 열을 동력으로 전환시키면서 감소시킨 엔트로피를 낮은 온도로 열을 방출하면서 증가시키고 있는 것이다.

예를 들어 1000K의 열원에서 1000줄의 에너지를 받아 300K의 열원으로 300줄의 열을 방출하고 나머지 700줄을 동력으로 바꾸는 경우 전체 엔트로피의 변화는 0이다. 그러나 500줄을 동력으로 바꾸고 500줄의 열을 300K의 열원으로 방출하면 전체적으로 엔트로피가 증가한다. 이것은 엔트로피 증가의 법칙에 어긋나지 않기 위해서는 낮은 온도로 300줄보다 많은 양의 열을 방출해야 한다는 것을 의미한다. 그래서 열기관이 작동하는 동안 엔트로피 증가의 법칙이 성립하기 위해 낮은 온도의 열원이 필요했던 것이다.

엔트로피 증가의 법칙과 열기관의 열효율

카르노는 열소설을 이용하여 가역기관의 열효율이 열효율의 최댓값이며 이 값은 높은 온도와 낮은 온도의 차이에 의해서 결정된다는 결론을 이끌어냈고, 클라우지우스는 엔트로피 증가의 법칙을 이용해 같은 결과를 유도할 수 있었다. 이제 이상기관의 열효율이 열기관이 작동하는 높은 온도와 낮은 온도에 의해서만 결정된다는 것을 엔트로피 증가의 법칙을 이용하여 증명해보자.

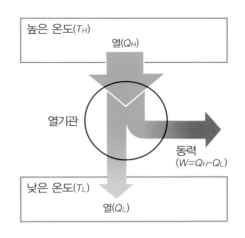

■ 열기관은 높은 온도에서 받은 열량(Q_H)에서 낮은 온도로 방출하는 열량(Q_L)을 뺀 것만큼의 동력(W)을 생산한다.

높은 온도(T_H)에서 Q_H의 열량을 받아 이 중 Q_L의 열량을 낮은 온도(T_L)로 방출하고, 나머지를 동력(W)으로 바꾸는 열기관에 대해 생각해보자. 열효율은 높은 온도에서 받은 열량 중 얼마를 동력으로 바꾸었는지를 나타내는 양이고 생산된 동력은 $W=Q_H-Q_L$이므로 이 열기관의 열효율은 다음과 같다.

$$열효율 = \frac{W}{Q_H} = \frac{Q_H - Q_L}{Q_H} = 1 - \frac{Q_L}{Q_H}$$

이제 이 열기관이 작동하는 동안 엔트로피가 어떻게 변하는지 살펴보자. 높은 온도의 열원이 열기관으로 열을 방출하면서 잃는 엔트로피는 $-\frac{Q_H}{T_H}$ 이고, 낮은 온도의 열원이 열을 받아들여 증가하는 엔트로피는 $\frac{Q_L}{T_L}$ 이다. 열기관은 한 번 작동하고 나면 원래의 상태로 돌아와 엔트로피의 변화가 없으므로 열기관이 작동하는 동안의 엔트로피의 변화는 다음과 같다.

$$엔트로피의 변화 = -\frac{Q_H}{T_H} + \frac{Q_L}{T_L}$$

엔트로피 증가의 법칙에 의하면 엔트로피는 감소할 수 없다. 따라서 엔트로피가 같거나 증가해야 한다. 엔트로피가 한 번 증가하면 다시는 감소할 수 없으므로 작동하는 동안 엔트로피가 증가하는 열기관은 가역기관이 아니다. 그러나 작동하는 동안 엔트로피가 일정한 값으로 유지되는 열기관은 반대 방향으로도 작동할 수 있다. 이런 열기관이 가역기관이다. 가역기관의 경우에는 엔트로피의 변화가 0이므로 다음과 같은 관계가 성립한다.

$$-\frac{Q_H}{T_H} + \frac{Q_L}{T_L} = 0 \quad , \quad \frac{Q_H}{T_H} = \frac{Q_L}{T_L} \quad , \quad \frac{Q_L}{Q_H} = \frac{T_L}{T_H}$$

따라서 가역기관의 열효율은 다음과 같다.

$$가역기관의 열효율 = 1 - \frac{T_L}{T_H}$$

앞에서 우리는 열역학 제2법칙에 어긋나기 때문에 가역기관보다 열효율이 높은 열기관은 존재할 수 없다는 이야기를 했다. 따라서 모든 열기관의 열효율의 최댓값은 다음과 같다.

$$열효율의 최댓값 = 1 - \frac{T_L}{T_H}$$

따라서 600K인 열원과 300K인 열원 사이에서 작동하는 열기관의 최대 효율은 0.5(50%)이고, 1000K인 열원과 300K인 열원 사이에서 작동하는 열기관의 최대 효율은 0.7(70%)이다.

실제 열기관의 열효율은 이상기관의 열효율보다 훨씬 낮지만 최대 효율이 높아지면 실제 열기관의 열효율이 높아질 여지가 많아진다. 따라서 자동차 엔진을 개발하는 사람들은 엔진 내부의 온도를 높여 열효율을 증가시키려고 한다. 하지만 엔진의 온도를 높이기 위해서는 높은 온도에서 견딜 수 있는 재료를 확보해야 하고 효과적인 냉각 체계도 갖춰야 한다.

카르노는 엔트로피라는 양이나 열역학 제2법칙을 알지 못했지만 같은 결과를 유도해냈고, 켈빈은 카르노의 결론이 잘못된 열소설을 바탕으로 이끌어낸 결론이었지만 열의 본성과 관련된 올바른 결론이라는 것을 알아챘으며, 클라우지우스는 엔트로피 증가의 법칙을 이용해 카르노가 얻었던 것과 같은 결론을 유도해 켈빈의 판단이 옳았다는 것을 증명한 것이다.

엔트로피를 통해 본 세상

　엔트로피 증가의 법칙은 열이 가지고 있는 비가역적인 성질을 잘 나타낸다. 엔트로피 증가의 법칙으로 인해 일단 열로 바뀐 역학적 에너지는 모두 원래 상태로 되돌아갈 수 없다. 물론 작동하는 동안에 엔트로피가 보존되는 카르노 기관과 같은 이상기관에서는 원래 상태로 돌아갈 수도 있지만 이상기관은 실제로 존재하는 기관이 아니다. 실제로 존재하는 모든 열기관에서는 작동하는 동안에 엔트로피가 증가한다.

　엔트로피가 0인 운동 에너지는 마찰로 인해 열로 전환되고, 열은 보다 낮은 온도로 흘러간다. 켈빈은 이것을 에너지의 확산이라고 했다. 켈빈은 〈역학 에너지가 확산되려고 하는 자연의 보편적 경향에 대해서〉라는 논문에서 다음과 같이 설명했다.

(1) 물질 세계에는 에너지가 확산되려는 보편적 경향이 존재한다.
(2) 열에너지를 원래의 역학적 에너지 상태로 되돌려놓기 위해서는 되돌려놓는 에너지보다 더 많은 양의 운동 에너지가 열로 전환되지 않

고는 불가능하다. 이것은 식물이나 동물의 경우에도 마찬가지이다.

(3) 현재 생명체에 적용되고 있는 물리법칙에 의하면 지구는 과거 일정 기간 동안 생명체가 존재할 수 없는 천체였으며, 다가올 유한한 미래에 다시 생명체가 살 수 없는 천체가 될 것이다.

켈빈이 이런 결론을 내린 것은 우리가 사는 지구는 태양을 고온의 열원으로 하고 대기권 밖의 우주 공간을 저온의 열원으로 하는 커다란 열기관이라고 보았기 때문이다. 따라서 우리 주위에서 일어나는 여러 가지 자연현상은 모두 지구라는 거대한 열기관의 실린더 안에서 일어나는 일이 된다. 그러므로 언젠가 열원이 식어 지구의 온도가 우주공간의 온도와 같아지면 지구라는 열기관이 작동을 멈춘 죽음의 세계가 된다는 것이다.

켈빈은 이런 생각을 바탕으로 지구에 사람이 살 수 없게 되는 때까지 남은 시간을 계산한 결과를 제시하기도 했다. 하지만 당시에는 태양의 에너지원이 원자핵 반응이라는 것이 알려져 있지 않았기 때문에 태양의 수명이 겨우 수천만 년이라고 주장해 사람들을 놀라게 했다.

이제 태양의 남은 수명은 수천만 년밖에 안 돼요!

뭐라고요? 태양의 에너지원이 원자핵 반응이라는 사실을 알았더라면 함부로 그런 말씀 못하셨을 텐데… 쯧.

켈빈   현대 과학자

클라우지우스도 엔트로피 개념을 제안한 1865년 논문의 마지막 절에서 켈빈의 생각을 인용하여 열역학 법칙을 다음과 같이 요약해 놓았다.

(1) 우주의 에너지 총량은 일정하다.
(2) 우주의 엔트로피는 최댓값을 향해 변해간다.

엔트로피는 절대로 감소하지 않는다는 간단한 명제는 그 간단함에도 불구하고 중요한 의미를 포함하고 있다. 증가나 감소라는 개념 자체가 과거에서 미래로 흘러가는 시간의 방향을 전제로 한 것이다. 따라서 열역학 제2법칙은 과거에서 현재로, 그리고 미래로 흐르는 시간에 물리적 의미를 부여하게 되었다.

열역학은 증기기관이라는 기술적인 발명품이 작동하는 원리를 설명하기 위해 시작되었다. 그러나 열역학의 발전으로 열기관의 작동을 설명하는 것을 뛰어 넘어 물리학의 다른 분야는 물론 화학, 생물학, 우주론 등에까지 적용되는 새로운 물리법칙의 발견으로 이어졌다. 그러나 아직 열량을 온도로 나눈 양인 엔트로피가 왜 증가해야 하는지를 충분히 설명했다고 할 수 없었다. 열은 높은 온도에서 낮은 온도로만 흐른다고 했던 열역학 제2법칙을 엔트로피는 감소할 수 없다는 말로 바꿔놓은 것에 지나지 않았다. 엔트로피 증가의 법칙을 이용하여 열과 관련된 현상들을 성공적으로 설명할 수는 있었지만, 정작 엔트로피가 왜 항상 증가해야 하는지를 충분히 설명했다고 할 수는 없었다. 엔트로피가 항상 증가해야 하는 이유를 좀 더 확실하게 이해하기 위해서는 엔트로피에 대한 통계물리학적 해석이 등장할 때까지 기다려야 했다.

에너지를 재생하는 것이
가능할까?

우리는 신재생 에너지라는 말을 자주 들을 수 있다. 신에너지 및 재생에너지 개발 이용 보급 촉진법에서는 신에너지를 기존의 화석연료를 변환하여 이용하거나 수소, 산소 등의 화학반응을 통하여 전기 또는 열을 이용하는 에너지라고 정의하고, 수소 에너지, 연료 전지, 석탄을 액화 또는 가스화 한 에너지 및 중질 잔사유(원유를 정제한 후 남은 잔재물)를 가스화한 에너지를 여기에 포함시켰다.

그리고 재생 에너지는 햇빛, 물, 지열, 강수, 생물 유기체 등 재생 가능한 에너지를 변환시켜 사용하는 에너지라고 정의하고, 태양 에너지, 풍력, 수력, 해양 에너지, 지열 에너지, 바이오 에너지, 폐기물 에너지, 수열 에너지를 여기에 포함시켰다. 이러한 정의와 분류가 과학적으로 정당한지에 대해서는 여기서 따지지 않겠다.

다만 재생 에너지라는 말이 과학적으로 어떤 의미를 가지는지에 대해 생각해 보려고 한다. 재생이라는 말은 못 쓰게 된 물건을 다시 고쳐서 쓰거나 용도가 다 된 물건을 다시 사용할 수 있도록 만드는 것을 뜻한다. 재활용과 비슷하지만 같지는 않다. 재활용은 쓸모없게 된 것을 수선하여 다시 사용할 수 있게 만드는 것뿐만 아니라 어떤 용도로는 쓸모가 없어진 물건을 다른 용도로 사용하는 것도 포

■ 태양 에너지는 어떤 에너지를 재생한 에너지가 아니라 재공급 가능한 에너지이다. (ⓒ픽사베이)

함한다. 그러나 재생은 원래의 용도로 다시 되돌려놓는다는 의미가 강하다.

그렇다면 재생 에너지에 포함된 에너지 중에서 재생의 의미에 어울리는 에너지가 있을까? 폐기물 에너지가 그나마 재생에 가깝지만 그것도 재생보다는 재활용이라고 해야 할 것이다. 법으로 몇몇 에너지를 재생 에너지라고 정해놓았기 때문에 재생 에너지라는 말이 널리 사용되고 있지만 사실은 재생 에너지에 포함된 에너지들이 모두 재생 에너지라는 말에는 어울리지 않는 에너지들이다.

그렇다면 열역학적으로는 에너지를 재생하는 것이 가능할까? 한마디로 말해 에너지를 재생하는 것은 열역학 제2법칙에 어긋나기 때문에 가능하지 않다. 모든 에너지는 사용하면 사용할수록 엔트로피가 증가한다. 한 번 증가한 엔트로피를 되돌려놓을 수 있는 방법은 없다. 용광로에서 나오는 폐열은 온도가 높아 아직 엔트로피가 매우 낮다. 따라서 이런 열을 난방용이나 온실용으로 사용할 수는 있다. 이것은 에너지 재활용의 좋은 예이다. 그러나 이것도 에너지를 재

생시키는 것은 아니다.

태양 에너지나 풍력, 지열 등은 어떤 에너지를 재생시킨 에너지가 아니다. 이런 에너지들이 우리가 지금까지 사용해온 화석 에너지와 다른 것은 계속 사용해도 고갈될 염려가 없는 에너지라는 점이다. 영어에서는 재생 에너지를 renewable energy라고 부른다. 이 말을 과학적 고려 없이 우리말로 그대로 번역하여 재생 에너지라고 부르게 된 것 같다. 그러나 renewable energy라는 말은 쓸모없게 된 에너지를 재생한 에너지라는 뜻이 아니라 새로운 에너지의 공급이 가능한 에너지라는 의미이다. 다시 말해 재공급 가능한 에너지 또는 계속 공급 가능한 에너지라는 뜻이다. 그러나 재공급이나 계속 공급이라는 것도 인류 문명의 시간 스케일에서 그렇다는 것이지 영원히 재공급이 가능하지는 않다.

8장

엔트로피의
통계적 해석

원자와 분자는
실제로 존재하는가?

세상을 이루고 있는 모든 물체들이 눈에 보이지 않는 작은 알갱이인 원자들로 이루어져 있다는 것은 이제 초등학생들도 알고 있는 상식이 되었다. 1808년에 물질이 더 이상 쪼갤 수 없는 작인 알갱이인 원자로 이루어져 있다고 최초로 주장한 사람은 영국의 기상학자였던 존 돌턴(1766~1844년)이었다. 그는 그때까지 발견된 실험적 사실을 제대로 설명하기 위해서는 물질이 원자라는 알갱이로 이루어져 있어야 한다고 주장했다.

화학 실험을 통해 알게 된 새로운 사실들 중에서 돌턴이 주목한 것은 일정 성분비의 법칙이었다. 황산구리라는 물질은 구리, 황, 산소로 이루어진 화합물이다. 그런데 여러 가지 다른 화학반응을 통해 황산구리를 만들어도 황산구리 안에 들어 있는 구리, 황, 산소의 비율은 항상 같았다. 이것이 일정 성분비의 법칙이다. 같은 황산구리이므로 성분비가 일정한 것이 당연하다고 생각할 수도 있을 것이다. 그러나 구리, 황, 산소가 알갱이가 아니고 얼마든지 작게 쪼갤 수 있는 연속적인 물질로 이루어져 있다면 이들을 항상 일정한 비율로 섞어 황산구리를 만드는 것은 가능하지 않다. 하지만 원자라는 알갱이가 있다면 구리 원자 2개, 황 원자 1개, 산소 원자 4개가 결합되어 만들어지는 황산구리의 성분비가 항상 같을 수 있다.

그러나 돌턴은 원자의 크기와 개수를 알아내는 방법을 제시하지 못했기 때문에 황산구리 안에 구리, 황, 산소 원자가 몇 개씩 들어 있는지는 알 수 없었다. 원자론이 몇 가지 실험결과를 설명하는 데는 성공적이었지만 분자의 화학식을 결정할 수는 없었다. 따라서 1860년대까지는 화학자들 중에도 원자론을 받아들이지 않는 사람들이 많았다.

그러나 온도와 압력이 같은 경우 같은 부피 안에 들어 있는 기체 분자의 수가 같다는 아보가드로의 법칙을 이용하면 부피의 비만 측정해도 원자나 분자 수의 비를 알 수 있다는 것이 밝혀졌다. 이를 통하여 분자가 몇 개의 원자로 이루어져 있는지 알아낼 수 있게 되어 화학식을 결정할 수 있었다. 따라서 화학에서 원자론이 널리 받아들여졌다. 원자론을 이용해 화학반응을 잘 이해할 수 있게 된 화학은 1800년대 후반에 크게 발전했다.

원자론이 화학에서 널리 받아들여지자 물리학자들 중에도 원자론을 바탕으로 물질의 행동을 설명하려는 사람들이 나타났다. 이런 사람들은 원자나 분자 하나하나의 행동을 통계적으로 분석해 수많은 알갱이들로 이루어진 물질의 성질을 설명하려고 했다. 이들은 특히 열과 관련된 현상을 통계적으로 설명하는 데 크게 성공하여 통계물리학의 기초를 닦았다.

이런 사람들 중 대표적인 사람이 오스트리아의 루트비히 볼츠만이었다. 오스트리아 빈대학의 교수였던 볼츠만은 모든 물질이 원자와 분자로 이루어져 있다는 사실을 바탕으로 열과 관련된 현상을 해석했으며, 특히 클라우지우스가 제시한 엔트로피를 통계적으로 새롭게 정의하여 통계물리학을 크게 발전시켰다.

그러나 물리학자들 중에는 1800년대 후반에도 원자가 실제로 존재한다는 것을 인정하지 않으려는 사람들이 많았다. 그들은 원자는 실험결과를 설명하기 위해 도입한 가설에 불과하다고 주장하고, 원자가 실제로 존재한다는 확실한 증거가 발견되기 전까지는 원자의 존재를 받아들일 수 없다고 했다. 그런 사람들은 원자의 존재를 바탕으로 통계물리학을 발전시키고 있는 볼츠만을 여러 가지로 괴롭혔다. 볼츠만은 이런 물리학자들

물리학자들

볼츠만

과의 마찰로 심한 우울증을 앓기도 했다. 볼츠만은 1906년 가족과 함께 이탈리아의 두인노 만에서 휴가를 보내던 도중 자살하고 말았다. 그의 죽음이 다른 물리학자들의 괴롭힘 때문이었는지는 확실하지 않지만 그들과의 마찰로 우울증을 앓았던 것이 한 원인이었을 가능성이 크다.

볼츠만은 불행하게 생을 마감했지만 그가 기초를 마련한 통계물리학은 빠르게 발전하기 시작했다. 20세기 초에 성립한 양자역학의 도움을 받은 통계물리학은 원자나 분자의 운동을 통계적으로 분석해 그동안 실험을 통해서 알게 된 열역학 법칙들을 이론적으로 증명해냈고, 통계적 방법으로 새롭게 정의된 엔트로피는 세상에서 일어나는 여러 가지 일들을 설명하는 데 크게 기여했다.

분자 운동론적 해석

앞에서 이야기한 이상기체의 상태 방정식은 기체의 행동을 설명하는 중요한 식이다. 그러나 이 식은 보일의 법칙과 샤를의 법칙으로부터 얻어진 실험식이다. 상태 방정식에 들어 있는 세 가지 변수, 즉 부피, 압력, 그리고 온도는 기체 전체의 성질을 나타내는 변수들이다. 따라서 이 양들은 기체 분자 하나하나의 운동 상태를 모르고도 측정할 수 있는 양들이다.

1800년대 중반 이후 원자론을 받아들인 물리학자들은 온도와 압력, 그리고 부피와 같은 양들과 원자나 분자의 행동을 뉴턴역학을 이용해 분석하려고 시도했다. 기체를 이루고 있는 분자 하나하나의 운동을 뉴턴역학을 이용하여 분석한 결과를 통계적으로 처리하여 온도, 부피, 압력과 같은 열역학에서 중요하게 다루어지는 물리량들의 의미를 새롭게 이해하려는 것이 분자 운동론적 해석이다.

과학자들은 기체를 이루고 있는 분자 하나하나의 운동을 통계적으로 분석하고 그 결과를 실험을 통해 확인된 기체의 상태 방정식과 결합하여 절대온도와 기체를 이루고 있는 분자들의 운동 에너지 사이에 다음과 같은 관계가 있다는 것을 알아냈다.

$$분자\ 하나의\ 에너지 = \frac{3}{2} \times 볼츠만\ 상수 \times 절대온도$$

이 식은 특정한 온도에서 기체 분자 하나가 가지고 있는 평균 열운동 에너지를 나타낸다. 분자 운동론적 분석을 통해 온도와 분자 하나가 가진 에너지 사이의 관계를 밝혀낸 것이다. 이 결과를 이용하면 기체 전체의 내부 에너지가 다음과 같다는 것을 알 수 있다.

$$내부\ 에너지 = \frac{3}{2} \times 몰수 \times 기체\ 상수 \times 온도$$

이상기체 상태 방정식에 포함되어 있는 기체 상수는 온도와 에너지를 연결해주는 볼츠만 상수에다가 1몰의 입자수를 나타내는 아보가드로수를 곱한 값이라는 것을 알게 되었다. 볼츠만 상수는 기체 분자 하나의 에너지와 온도를 연결해주는 상수이고, 기체 상수는 기체 1몰의 에너지와 온도를 연결해주는 상수이다. 실험을 통해 정해진 기체 상수가 분자 운동론적 분석을 통해 그 의미가 명확해진 것이다. 따라서 온도만 측정하면 분자 하나의 에너지와 기체 전체의 에너지를 계산할 수 있게 되었다.

이 결과에 의하면 기체의 온도가 같을 경우 분자의 종류나 크기에 관계없이 모두 같은 에너지를 가진다. 그것은 같은 온도에서는 가벼운 분자들은 빠르게 운동하고 무거운 분자들은 천천히 운동하고 있음을 뜻한다. 운동 에너지는 질량에 비례하고 속력의 제곱에 비례하므로 같은 온도에서 분자들의 속력은 질량의 제곱근에 반비례한다. 수소 분자의 분자량은 2이고 산소 분자의 분자량은 32이다. 산소 분자의 질량은 수소 분자 질량의 16배이므로 같은 온도에서 수소 분자가 산소 분자보다 4배 빠른 속력으로 운동하고 있다.

지구나 금성, 그리고 화성 정도의 질량을 가지는 천체의 중력은 산소와 질소, 그리고 이산화탄소와 같은 분자량이 큰 기체 분자를 붙들어 두기에는 충분하지만, 수소와 같이 빠르게 운동하는 기체 분자를 잡아둘 수는 없다. 그래서 이들 행성에서는 가벼운 분자들이 우주로 날아가버려 무거운 기체 분자들로만 이루어진 대기를 갖게 되었다.

그러나 달이나 수성과 같이 질량이 작은 천체들의 중력은 천천히 운동하는 무거운 기체 분자들을 잡아두기에도 충분하지 못해 모든 기체 분자들을 잃어버려 대기를 가지고 있지 않는 천체가 되었다. 반면에 목성, 토성과 같이 질량이 큰 천체는 모든 기체를 잡아두기에 충분한 중력을 가지고 있어 주로 수소와 헬륨으로 이루어진 두꺼운 대기층을 가지고 있다. 태양계가 만들어진 우주의 물질은 주로 수소와 헬륨으로 이루어져 있었기 때문이다.

그러나 같은 기체 분자들이라고 해도 같은 온도에서 모두 같은 속력으로 운동하고 있는 것은 아니다. 평균보다 더 빠르게 운동하고 있는 입자도 있고 평균보다 더 느리게 운동하는 입자들도 있다. 맥스웰과 볼츠만은 분자 운동론적 분석을 통해 어떤 온도에서 입자들의 속력이 어떻게 분포되어 있는지를 나타내는 속력 분포함수를 알아냈다. 볼츠만-맥스웰 속력 분포함수에 의하면 무거운 분자들은 대부분 평균 속력과 비슷한 속력으로 운동하고 있지만, 가벼운 분자의 경우에는 속력의 분포 범위가 넓다. 따라서 가벼운 수소나 헬륨 분자들 중에는 지구의 탈출 속력보다 더 빠른 속력으로 운동하고 있는 분자들이 많아 지구 중력을 이기고 대기 밖으로 달아날 수 있었다.

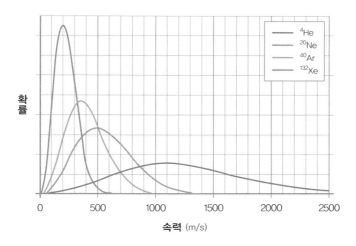

확률

속력 (m/s)

0   500   1000   1500   2000   2500

^{4}He
^{20}Ne
^{40}Ar
^{132}Xe

■ 여러 가지 불활성 기체 분자들의 속력 분포함수. 가벼운 분자는 속력 분포가 넓고, 무거운 분자는 속력 분포가 좁다.

미시 상태와 거시 상태

분자들의 행동을 분석하여 절대온도가 가지고 있는 물리적 의미를 이해하게 된 과학자들은 이제 엔트로피를 통계적으로 이해하려는 노력을 시작했다. 클라우지우스는 열량을 온도로 나눈 양으로 정의된 엔트로피를 이용하여 열이 높은 온도에서 낮은 온도로만 흐른다는 사실과 열기관이 작동되기 위해서는 고온의 열원과 저온의 열원이 필요한 이유를 성공적으로 설명할 수 있었다.

그러나 그것만으로는 엔트로피가 무엇인지, 그리고 왜 엔트로피는 항상 증가해야 하는지를 제대로 설명했다고 할 수 없었다. 다시 말해 열량을 온도로 나눈 엔트로피가 증가해야 한다는 것을 새로운 법칙으로 설정한 것뿐이지 왜 엔트로피가 증가해야 하는지를 설명한 것은 아니었다. 따라서 엔트로피 증가의 법칙은 원자나 분자의 관점에서 재해석되어야 했다.

이 일을 해낸 사람이 빈대학 교수로 있던 루드비히 볼츠만이었다. 그는 스승이었던 요제프 슈테판이 1879년 실험을 통해 발견한 물체가 내는 복사 에너지는 온도의 4제곱에 비례한다는 법칙을 설명하는 이론적인 기반을 마련하기도 했다. 따라서 이 법칙을 슈테판-볼츠만 법칙이라고 부른다. 슈테판-볼츠만 법칙을 이론적으로 유도할 수 있게 된 것은 독일의 막스 플랑크가 전자기파가 모든 에너지를 가지는 것이 아니라 띄엄띄엄한 에너지만 가질 수 있다는 양자화 가설을 제안한 후의 일이다.

볼츠만의 가장 큰 공헌은 확률의 개념을 이용하여 엔트로피를 새롭게 정의한 것이었다. 볼츠만이 제안한 새로운 엔트로피를 이해하기 위해서는 우선 몇 가지 용어의 의미를 이해해야 한다. 동전 10개를 던지는 경우를 생각해보자. 동전의 앞이 나오는 것을 O라고 나타내고 뒤가 나오는 것을 X라고 나타내면 한 개의 동전을 던졌을 때 나오는 방법은 O와 X의 두 가지이고, 두 개의 동전을 던졌을 때 나오는 방법은 OO, OX, XO, XX의 네 가지이다. 3개의 동전을 던졌을 나오는 방법은 OOO, OOX, OXO, XOO, OXX, XOX, XXO, XXX로 8가지이다.

마찬가지 방법으로 따져보면 4개의 동전을 던졌을 때 나올 수 있는 방법의 수는 16가지라는 것을 알 수 있다. 동전이 나올 수 있는 한 가지 한 가지 방법을 미시 상태라고 한다. 볼츠만은 동전을 4개 던졌을 때 나올 수 있는 16가지 방법 중에서 어떤 한 가지가 나올 확률은 모두 같다고 가정했다. 다른 말로 하면 각각의 미시 상태가 나타날 확률이 모두 같다는 것이다.

실제로 이 중 한 가지 미시 상태가 나올 확률이 다른 미시 상태가 나올 확률보다 클 아무런 이유가 없다. 볼츠만이 제안한 새로운 엔트로피나 통계물리학의 기본적인 가정은 모든 미시 상태가 나타날 확률이 같다는 것이다. 통계물리학은 가능한 모든 미시 상태가 나타날 확률이 같다는 가정을 바탕으로 수많은 입자들로 이루어진 계의 열과 관련된 현상을 분석하는 물리학이라고 할 수 있다.

클라우지우스는 열량을 온도로 나눈 양을 엔트로피라고 정의하고 고립계의 엔트로피는 감소할 수 없다는 엔트로피 증가의 법칙을 자연이 가지고 있는 기본적인 성질이라고 했다. 하지만 볼츠만은 모든 미시 상태의 확률이 같다는 가정을 바탕으로 고립계의 엔트로피는 감소할 수 없다는 엔트로피 증가의 법칙을 유도해냈다. 다시 말해 모든 미시 상태의 확률이 같다는 것을 이용하여 엔트로피가 항상 증가해야 하는 이유를 설명한 것이다.

클라우지우스의 기본 가정
고립계의 엔트로피는 감소할 수 없다.
볼츠만의 기본 가정
모든 미시 상태의 확률은 같다.

동전을 4개 던졌을 때 나올 수 있는 미시 상태의 수는 16가지이고, 그 하나하나가 나올 확률은 모두 같다. 그러나 동전 4개를 던졌을 때 앞이 나오는 동전의 개수에 따라 상금을 받는다면 받을 수 있는 상금의 종류는 5가지 방법밖에 없다. 앞이 나온 동전의 수만 따지면 0개, 1개, 2개, 3개, 4개의 5가지 방법만 가능하기 때문이다. 이 다섯 가지 상태가 거시 상태이다.

우리가 실험을 통해 측정하는 상태는 하나하나의 미시 상태가 아니라 거시 상태이다. 우리는 각각의 거시 상태는 다른 상태로 파악하지만, 하나의 거시 상태에 포함되어 있는 미시 상태들은 같은 상태로 파악한다. 같은 측정결과를 보여주는 미시 상태를 구분할 수 없기 때문이다.

따라서 어떤 것을 거시 상태로 보느냐 하는 것은 우리가 무엇을 측정하느냐에 따라 달라진다. 어떤 상태가 어떤 상태로 변해간다든지, 어떤 상태가 확률이 높은 상태라고 이야기할 때는 모두 우리가 측정할 수 있는 거시 상태를 가리킨다.

이제 다시 4개의 동전을 던지는 문제로 돌아가보자. 4개의 동전을 던졌을 때 나오는 다섯 가지 거시 상태를 각각 A(0), B(1), C(2), D(3), E(4)라는 기호로 나타내기로 하자. 동전 4개를 던졌을 때 나올 수 있는 각각의 거시 상태에 포함된 미시 상태와 미시 상태의 수는 다음 표와 같다.

미시 상태의 수	1	4	6	4	1
미시 상태			XXOO		
			XOXO		
		XXXO	XOOX	XOOO	
		XXOX	OXXO	OXOO	
		XOXX	OXOX	OOXO	
	XXXX	OXXX	OOXX	OOOX	OOOO
거시 상태의 종류	A(0)	B(1)	C(2)	D(3)	E(4)

■ 동전 4개를 던질 경우 각각의 거시 상태에 포함되어 있는 미시 상태의 수

앞이 나오는 동전의 수가 1개인 경우, 즉 B(1) 거시 상태에는 OXXX, XOXX, XXOX, XXXO의 네 가지 미시 상태가 포함되어 있다. 그리고 앞이 나오는 동전의 수가 2개, 즉 C(2) 거시 상태에는 OOXX, OXOX, OXXO, XOOX, XOXO, XXOO의 여섯 가지 미시 상태가 포함되어 있다. 따라서 모든 미시 상태의 확률이 같다면 B(1)의 거시 상태가 나올 확률은 4/16이고, C(2)의 거시 상태가 나올 확률은 6/16이다. 이것은 반이 앞이 나오고 반이 뒤가 나오는 경우인 C(2) 거시 상태의 확률이 다른 거시 상태의 확률보다 조금 더 크다는 것을 나타낸다.

따라서 반이 앞이 나오고 반이 뒤가 나오는 경우가 많겠지만 그렇지 않을 수도 있다. 그러나 동전의 수가 많아지면 반이 앞이 나오고 반이 뒤가 나올 확률이 다른 것이 나올 확률보다 훨씬 커진다. 따라서 1억 개의 동전을 던지는 경우 매우 자신 있게 5000만 개의 동전이 앞이 나오고 나머지는 뒤가 나올 것이라고 이야기할 수 있다.

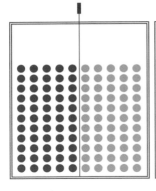

■ 색깔이 다른 구슬이 따로 있는 것보다 섞여 있는 것이 더 많은 미시 상태를 포함하고 있다. 따라서 섞여 있을 확률이 더 크다.

동전의 수가 많아지면 많아질수록 반이 앞이 나오고 반이 뒤가 나올 확률이 더 커진다. 기체나 액체를 이루는 분자들의 수는 우리가 상상할 수 있는 어떤 수보다도 큰 수이다. 수소 2g 속에는 수소 분자가 6.02×10^{23}개 들어 있다. 이런 경우에는 확률이 가장 높은 상태, 즉 그 안에 가장 많은 미시 상태를 포함하고 있는 거시 상태의 확률이 그렇지 않을 확률보다 훨씬 크다.

이번에는 바닥에 크기와 모양, 그리고 무게가 같은 파란 구슬과 붉은 구슬이 흩어져 있는 경우를 생각해보자. 한쪽에는 파란 구슬이 모여 있고, 반대쪽에는 붉은 구슬이 모여 있는 거시 상태보다 파란 구슬과 붉은 구슬이 섞여 있는 거시 상태가 더 많은 배열 방법의 수, 즉 더 많은 미시 상태를 가지고 있다. 따라서 파란 구슬과 붉은 구슬이 따로따로 모여 있는 것보다 골고루 섞여 있을 확률이 더 크다. 따로따로 분리되어 있던 구슬들은 시간이 지남에 따라 점점 섞이는 방향으로 변해 간다. 더 많은 미시 상태를 포함하고 있어서 확률이 높은 상태로 변해가는 것이 자연에서 일어나는 변화의 방향이기 때문이다.

어린이들이 노는 방에 여러 개의 장난감이 있다고 하자. 처음에는 잘 정리되어 있던 장난감들이 어린이들이 이리저리 던지고 놀다보면 점점 더 어지럽게 흩어진다. 잘 정리되어 있는 거시 상태보다 무질서하게 흩어져 있는 거시 상태가 확률이 높은 상태이기 때문이다. 어린이들이 장난감을 가지고 놀다보면 저절로 잘 정리되는 일이 벌어지기도 할까? 장난감이 몇 개 안 되면 드물기는 하지만 그런 일이 벌어질 수도 있을 것이다. 그러나 장난감의 수가 10억 개라면 장난감이 저절로 정리되는 일은 절대로 일어나지 않을 것이다. 수많은 원자와 분자들로 이루어진 자연에서 항상 확률이 높은 상태로만 변해 가는 것은 이 때문이다.

통계적 엔트로피

이제 온도가 다른 두 기체가 입자와 에너지를 주고받을 수 있도록 접촉되어 있는 경우를 생각해보자. 열역학적으로 보면 온도가 높은 물체에서 온도가 낮은 물체로 열이 흘러가 두 물체의 온도가 같아진다. 두 물체 사이에 열이 흘러 열평형 상태에 도달하는 것이다. 그러나 통계물리학적으로 보면 온도가 높은 물체를 이루는 분자들과 온도가 낮은 물체를 이루는 분자들이 섞여 확률이 높은 상태로 변해간다. 따라서 두 물체의 온도가 같아지는 것과 두 물체를 이루는 분자들이 확률이 가장 높은 상태에 있는 것은 같은 상태를 나타내야 한다.

볼츠만은 거시 상태가 포함하고 있는 미시 상태의 수를 G라고 할 때 온도가 같아지는 열평형 상태와 가장 많은 미시 상태를 포함하는 상태, 즉 엔트로피가 최대가 되는 상태가 같은 상태를 가리키기 위해서는 엔트로피를 다음과 같이 정의해야 한다는 것을 알아냈다. (이 책의 마지막 부분에 실려 있는 부록에는 엔트로피가 최대가 되는 상태와 온도가 같은 열평형 상태가 같은 상태를 나타내기 위해서는 통계적 엔트로피를 $S=k_B log G$라고 정의해야 한다는 것을 수식을 이용하여 증명해놓았다.)

엔트로피(S) = 볼츠만 상수(k_B) × log미시 상태의 수(G)

$$S = k_B log G$$

볼츠만 상수는 통계적 엔트로피가 열역학적 엔트로피와 같은 물리적 의미를 가지는 양이 되도록 하기 위해 곱해주는 상수이다. 이 정의에 의하면 4개의 동전을 던졌을 때 앞이 나온 동전의 수가 1인 B(1) 거시 상태의 엔트로피는 $k_B log 4$이고, 앞이 나온 동전의 수가 2인 C(2) 거시 상태의 엔트로피는 $k_B log 6$이다. 엔트로피가 큰 상태가 확률이 높은 상태이다. 따라서 확률이 높은 상태로 변해간다고 하는 것과 엔트로피가 증가한다고 하는 것은 같은 의미가 된다.

크기와 모양 그리고 무게가 같지만 색깔만 다른 흰 구슬 1억 개와 붉은 구슬 1억 개를 바닥에 던져놓고 손으로 휘저으면 어떻게 될까?

처음에는 흰 구슬과 붉은 구슬이 따로따로 있었다고 해도 시간이 지남에 따라 흰 구슬과 붉은 구슬이 점점 더 골고루 섞일 것이다. 이것은 확률이 증가하는 방향으로의 변화이며, 따라서 엔트로피가 증가하는 방향으로의 변화이다.

만약 흰 구슬과 붉은 구슬이 처음부터 골고루 섞여 있었다면 시간이 흐름에 따라 어떻게 변할까? 처음부터 두 종류의 구슬이 잘 섞여 있었다면 아무리 시간이 흘러도 더 이상의 변화는 일어나지 않을 것이다. 현재의 상태가 확률이 가장 높은 상태, 즉 엔트로피가 가장 높은 상태이기 때문이다.

물에 잉크를 한 방울 떨어뜨리면 잉크는 물에 골고루 퍼져 나갈 것이다. 잉크가 물에 섞이는 것은 잉크의 분자와 물 분자가 골고루 섞이는 과정이므로 엔트로피가 증가하는 변화이다. 시간이 흘러도 잉크 분자들이 다시 한 점으로 모여드는 일은 일어나지 않는다. 잉크가 다시 한 점으로 모이는 변화는 엔트로피가 감소되는 변화이기 때문이다.

이것은 자연에서 일어나는 변화가 항상 확률이 높은 상태, 즉 잘 섞이는 상태로 변해간다는 것을 뜻한다. 이것을 자연이 질서 있는 상태에서 무질서한 상태로 변해간다고 설명하기도 한다. 그러나 질서와 무질서는 인간의 가치 판단이 반영된 설명이다. 질서 있는 상태는 바람직한 상태이고, 무질서한 상태는 혼란스러운 상태라는 인식이 내재되어 있기 때문이다. 자연은 질서와 무질서에 대한 이런 가치 판단과는 관계없이 항상 확률이 높은 상태를 향해 변해가고 있다.

통계적 엔트로피와 열역학 제2법칙

  그렇다면 미시 상태의 수를 이용하여 새롭게 정의된 엔트로피로는 열역학 제2법칙을 어떻게 설명할 수 있을까? 열이 높은 온도에서 낮은 온도로만 흐르는 현상은 통계적 엔트로피를 이용해서도 쉽게 설명할 수 있다. 물체의 온도가 높다는 것은 물체를 이루는 입자들이 큰 에너지를 가지고 빠르게 운동하고 있다는 것을 나타내고, 온도가 낮다는 것은 물체를 이루는 입자들이 작은 에너지를 가지고 천천히 운동하고 있다는 것을 나타낸다.

  두 물체를 이루고 있는 입자들이 마음대로 이동할 수 있도록 두 물체를 접촉시켜 놓으면 빠르게 움직이는 입자들과 천천히 움직이는 입자들이 골고루 섞이게 될 것이다. 통계적 엔트로피에 의하면, 두 입자들이 섞이면 엔트로피가 증가한다. 빠르게 운동하는 입자들과 천천히 흐르는 입자들이 섞이게 되면 온도가 높은 물체는 온도가 낮아지고, 온도가 낮은 물체는 온도가 높아진다. 다시 말해 열이 높은 온도에서 낮은 온도로 흘러가는 것은 빠르게 운동하는 입자들과 느리게 운동하는 입자들이 섞이는 과정이다. 빠르게 운동하는 분자들과 느리게 운동하는 분자들이 섞인 다음에는 입자들 사이의 충돌을 통해 빠르게 운동하는 입자들은 에너지를 잃고, 느리게 운동하는 입자들은 에너지를 얻어 비슷한 속력으로 운동하게 된다. 우리는 분자들이 확률이 높은 상태로 변해가는 것을 열이 높은 온도에서 낮은 온도로 흐른다고 이야기해온 것이다.

고체를 이루고 있는 입자들처럼 자유롭게 움직일 수 없는 입자들의 경우에는 입자들이 섞이는 대신 운동이 섞인다. 입자들은 제자리에서 운동하고 있지만 입자들 사이의 상호작용을 통해 빠르게 움직이는 입자들의 운동과 천천히 움직이는 입자들의 운동이 섞여 오랜 시간이 지나면 비슷한 빠르기로 운동하게 된

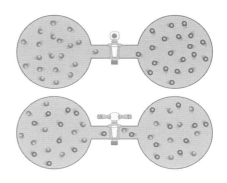

■ 열이 높은 온도에서 낮은 온도로 흐르는 것은 온도가 낮은 입자들과 온도가 높은 입자들이 골고루 섞이는 과정이다.

다. 이것 역시 높은 온도에서 낮은 온도로 열이 흘러간 결과가 된다.

운동 에너지는 100% 열로 전환할 수 있지만 열은 100% 일로 전환할 수 없는 것도 새로운 엔트로피를 이용해 쉽게 설명할 수 있다. 열에너지는 물질을 구성하고 있는 입자들의 불규칙한 열운동에 의한 에너지이고, 운동 에너지는 물체를 이루는 입자들이 모두 한 방향으로 이동하는 물체가 가지고 있는 에너지이다. 다시 말해 열에너지는 무질서한 운동에 의한 에너지이고 운동 에너지는 질서 있는 운동에 의한 에너지이다.

따라서 운동 에너지가 열에너지로 바뀌는 것은 질서 있는 운동이 무질서한 운동으로 바뀌는 것이다. 이것은 입자들의 운동 방향이 섞이는 변화라고 할 수 있으므로 엔트로피가 증가하는 변화이다. 열에너지가 모두 운동 에너지로 변화되는 것은 무질서한 운동이 질서 있는 운동으로 변화되는 것이므로 엔트로피를 감소시키는 변화이다.

따라서 열에너지가 모두 일로 바뀌는 변화는 새롭게 정의한 엔트로 피 증가의 법칙에도 어긋나기 때문에 가능하지 않다.

그러나 입자들이 다른 방향으로 움직이지 못하도록 막아놓고 한 방향으로만 움직이도록 하면 열의 일부를 일로 바꿀 수 있다. 따라서 열에너지를 모두 역학적 에너지로 바꿀 수는 없지만 일부를 역학적 에너지로 바꾸는 것은 가능하다. 이런 일을 하는 장치가 열기관이다.

통계적 엔트로피의 등장으로 열역학 제2법칙을 나타내는 표현이 조금 더 다양해졌다. 열역학 제2법칙을 나타내는 여러 가지 표현들을 정리해보면 다음과 같다.

열역학 제2법칙의 여러 가지 표현

① 열은 높은 온도에서 낮은 온도로만 흐른다.

② 일은 모두 열로 바꿀 수 있지만 열은 모두 일로 바꿀 수 없다.

③ 고립계에서 열량을 온도로 나눈 값으로 정의된 엔트로피는 감소할 수 없다.

④ 자연은 더 많은 미시 상태를 포함하고 있는 확률이 높은 상태를 향해 변해간다.

통계적인 방법으로 정의된 엔트로피를 이용하면 열의 흐름이나 열이 일로 변하는 에너지 변환이 동반되지 않는 변화에도 엔트로피 증가의 법칙을 적용할 수 있다. 예를 들어 좁은 공간에 모여 있던 기체가 진공 속으로 퍼져나가 전체 부피가 증가하는 경우를 생각해보

자. 이때는 외부에서 기체에 가해지는 압력이 없어 부피가 증가하는 동안 외부에 일을 해주지 않아도 되기 때문에 내부 에너지가 감소하지 않는다. 이것은 외부에서 일정한 압력이 가해지는 경우 부피가 증가하기 위해서 외부의 압력에 대항해서 일을 해야 하기 때문에 온도가 내려가는 단열팽창과는 다르다. 그러나 진공 중으로 팽창하여 부피가 증가하면 입자들의 배열 방법의 수, 즉 미시 상태의 수가 늘어나 엔트로피가 증가한다. 따라서 한 번 팽창한 기체가 저절로 다시 원래의 상태로 돌아오지 않는다.

통계적 엔트로피를 이용하면 절대 0도에서의 엔트로피를 결정할 수 있다. 절대 0도에서의 엔트로피가 얼마인지를 설명하는 법칙을 열역학 제3법칙이라고 한다. 열역학에서 절대 0도는 모든 입자들의 열운동이 정지되는 온도이다. 따라서 입자들이 가질 수 있는 상태가 한 가지 밖에 없다. 다시 말해 미시 상태의 수가 1이다. 따라서 절대 0도에서의 엔트로피는 $k_B log1 = 0$이다.

그러나 양자역학에 의하면 입자가 가질 수 있는 최저 에너지, 즉 바닥상태의 에너지는 0이 아니다. 따라서 절대 0도에 도달하는 것은 가능하지 않다. 그리고 바닥상태의 에너지를 가지는 경우에도 여러 가지 다른 양자역학적 상태를 가질 수 있다. 따라서 바닥상태에서의 엔트로피는 바닥상태가 가지고 있는 양자역학적 상태의 수에 의해 결정되는 상수 값을 갖는다. 절대 0도에서의 엔트로피를 설명하는 열역학 제3법칙은 다음과 같다.

열역학 제3법칙

온도가 절대 0도에 다가가면 엔트로피는 일정한 값으로 수렴한다.

통계적 엔트로피는 실제로 측정 가능할까?

통계적 엔트로피는 배열 방법의 수를 알아야 계산할 수 있다. 그렇다면 1몰만 해도 6.02×10^{23}개의 입자들이 포함되어 있는 기체에 대해 배열 방법의 수를 계산하고 측정할 수 있는 방법이 있을까? 개념적으로 그럴 듯하다고 해도 그 양을 이론적으로 계산할 수 있고, 그 결과를 실제로 측정한 결과와 비교해 볼 수 없다면 그것은 과학이라고 할 수 없다. 따라서 상자 속에 기체 분자들이 들어 있는 경우 이 기체 분자들의 배열 방법의 수를 알아내 엔트로피를 계산할 수 있어야 한다.

이상기체의 경우 양자역학을 이용하면 일정한 크기의 상자 안에 들어 있는 입자들이 어떤 에너지를 가져야 하는지를 알 수 있다. 뉴턴역학에서는 입자들이 모든 에너지를 다 가질 수 있지만 양자역학에 의하면 입자들은 특정한 조건을 만족하는 에너지만 가질 수 있다.

통계물리학적 분석 방법을 이용하면 특정한 온도에서 입자가 특정한 에너지 상태에 있을 확률을 알아낼 수 있다. 양자역학을 이용하여 어떤 에너지를 가질 수 있는지 알 수 있고, 그런 에너지에 몇 개의 입자들이 들어갈 수 있는지 알면 전체 에너지를 계산할 수 있으며,

전체 에너지가 측정 가능한 온도, 부피, 압력과 같은 변수를 이용해 어떻게 나타낼 수 있는지를 알 수 있다. 통계물리학에서는 이런 방법을 이용하여 실험을 통해 알아낸 이상기체의 상태 방정식을 유도해 낼 수 있고, 통계적 엔트로피를 계산할 수 있다.

이것은 양자역학을 바탕으로 한 통계적 분석 방법이 매우 성공적이라는 것을 의미하는 것이다. 이로 인해 실험을 통해 알게 된 이상기체의 상태 방정식이 든든한 이론적 바탕을 가지게 되었다. 그리고 엔트로피를 직접 측정할 수는 없지만 측정이 가능한 온도, 압력, 부피와 같은 양들을 이용해 계산할 수 있게 되었다. 이것은 통계적인 방법으로 정의된 엔트로피가 개념적으로만 의미를 가지는 양이 아니라 실험을 통해 확인할 수 있는 과학적인 양이라는 것을 의미한다. 새로운 엔트로피로 무장한 통계물리학은 수없이 많은 입자들이 모여서 만들어진 기체의 행동을 성공적으로 설명할 수 있었다.

상태의 변화와 자유 에너지

엔트로피는 감소할 수 없다는 열역학 제2법칙은 자연에서 변화의 방향을 나타내는 법칙이다. 그러나 자연에서 일어나는 현상들을 자세히 살펴보면 엔트로피 증가의 법칙에 맞지 않는 것처럼 보이는 현상들도 많이 발견할 수 있다. 엔트로피 증가의 법칙이 항상 성립된다면 자연에서는 항상 섞이는 방향으로만 변화가 일어나야 한다. 그러나 그렇지 않은 변화도 얼마든지 발견할 수 있다.

공간을 자유롭게 날아다니던 수증기가 모여 물방울을 만드는 것이라든지 물이 얼어 얼음이 되는 것은 모두 무질서하던 상태에서 질서 있는 상태로 변하는 변화이다. 비교적 자유롭게 운동하고 있던 분자들이 일정한 형태로 굳어지는 응고 과정 역시 무질서한 상태에서 질서 있는 상태로의 변화이다.

무거운 쇠공과 가벼운 유리 공을 그릇에 넣고 흔들면 무거운 쇠공이 아래로 내려가고, 가벼운 유리 공은 위로 올라간다. 이것 역시 항상 섞이는 방향으로만 진행되어야 한다는 엔트로피 증가의 법칙에 어긋나는 것처럼 보인다. 그런가 하면 물에 잉크를 떨어뜨렸을 때 물과 잉크가 섞이는 것과는 달리 물과 기름은 섞이지 않고 아래위로 나누어진다. 이것 역시 엔트로피 증가의 법칙에 어긋나는 것처럼 보인다.

물에 녹아 물과 골고루 섞여 있던 소금이 시간이 지나면 결정을 형성해 바닥에 가라앉는다. 그리고 두 종류의 원자들이 골고루 섞여 만들어진 합금 내부에서 금속 분자들이 결합하여 금속 화합물을 만들기도 한다. 물질 내부에서 일어나는 이런 변화들은 물질의 성질에 큰 영향을 주기 때문에 재료를 연구하는 과학자들은 특히 이런 현상들에 많은 관심을 가지고 있다. 이런 현상들도 모두 섞이는 것과는 반대 방향으로 일어나는 변화들이다. 엔트로피 증가의 법칙에도 불구하고 이런 일들이 일어나는 것은 무엇 때문일까?

엔트로피 증가의 법칙은 외부와 물질이나 에너지를 주고받지 않는 고립계에서만 성립하고, 상태 변화에 따라 에너지가 달라지지 않을 때만 성립하는 법칙이다. 크기와 모양, 무게가 같고 색깔만 다른 구슬이 섞일 때는 아무리 섞여도 에너지 상태가 달라지지 않는다. 따라서 엔트로피가 증가하는 섞이는 방향으로만 변화가 일어난다. 그러나 쇠공이나 유리 공과 같이 무게가 다른 알갱이들이 섞이면 에너지 상태가 달라진다. 무게가 다른 기름과 물이 섞이는 경우도 마찬가지이다. 무게가 무거운 물체가 위로 올라오면 위치 에너지가 증가하기 때문이다.

이런 경우에는 엔트로피가 증가하는 방향으로 변화가 일어나지 않는다. 상태 변화에 따라 에너지가 달라지는 경우에 어떤 방향으로 변화가 일어나는지를 알려주는 양은 자유 에너지이다. 헬름홀츠가 제안한 자유 에너지는 내부 에너지에서 엔트로피와 온도를 곱한 값을 뺀 양으로 정의되었다. 이것을 수식을 이용하여 나타내면 다음과 같다.

$$\text{자유 에너지}(F) = \text{내부 에너지}(U) - \text{온도}(T) \times \text{엔트로피}(S)$$

자연은 자유 에너지가 감소하는 방향으로 변해간다. 자유 에너지가 감소하기 위해서는 가능하면 내부 에너지는 작아져야 하고, 엔트로피는 증가해야 한다. 그러나 엔트로피가 자유 에너지에 주는 영향은 온도에 따라서 달라진다. 여기서 내부 에너지에는 열운동에 의한 에너지 외에 물체의 물리 화학적 상태가 가지고 있는 에너지와 중력에 의한 위치 에너지도 포함된다.

물과 기름이 섞이는 경우를 생각해보자. 무거운 물이 아래로 모이고 가벼운 기름이 위로 오는 것이 전체의 내부 에너지를 감소시켜 자유 에너지를 감소시킨다. 따라서 기름과 물이 섞이지 않고 기름이 물 위에 뜬다. 그러나 온도가 높아지면 기름과 물이 섞여서 증가하는 엔트로피가 자유 에너지 감소에 더 크게 기여하게 된다. 따라서 기름과 물의 일부가 섞이게 된다. 온도가 높아질수록 엔트로피의 기여도가 커져 물과 기름이 더 많이 섞이게 된다.

수증기가 물로 변하는 경우에 대해서도 생각해보자. 수증기 상태로 있을 때는 내부 에너지도 크고 엔트로피도 크다. 그러나 온도가 내려가면 엔트로피에 의한 영향보다 내부 에너지에 의한 영향이 커진다. 따라서 내부 에너지가 높은 수증기 상태보다는 내부 에너지가 낮은 액체 상태로 변하는 것이 자유 에너지를 감소시킨다. 따라서 수증기가 물로 변한다.

헬름홀츠가 제안한 자유 에너지는 전체 부피가 변하지 않는 경우에 변화의 방향을 알려주는 자유 에너지이다. 그러나 압력이 일정한 경우에는 이와 다른 방법으로 정의한 자유 에너지를 이용해야 변화의 방향을 알 수 있다. 재료의 상태 변화를 연구하는 과학자들은 엔트로피보다 자유 에너지에 더 많은 관심을 갖는다.

우주와 엔트로피

엔트로피 증가의 법칙은 고립계에서만 성립된다. 그렇다면 엔트로피가 항상 증가하기만 하는 완전한 고립계가 존재할 수 있을까? 우리는 실험실에서 고립계를 만들 수 있다. 입자와 에너지가 출입할 수 없도록 고립된 공간으로 만들면 그 공간은 고립계라고 할 수 있을 것이다. 그러나 공간을 막고 있는 벽을 통해서도 적은 양이지만 에너지가 전달되고, 벽을 이루고 있는 물질에서 원자들이 떨어져나와 들어갈 수도 있기 때문에 그러한 공간도 엄밀한 의미에서는 고립계라고 할 수 없다. 그렇다면 엄밀한 의미의 고립계는 존재하지 않는 것일까?

엄밀한 의미의 고립계는 존재한다. 그것은 우주이다. 우주는 외부로부터 물질이나 에너지가 들어오거나 나가지 않는다. 따라서 우주의 총엔트로피는 항상 증가해야 한다. 138억 년 전에 있었던 빅뱅으로 시작된 우주는 팽창하면서 식어가고 있다. 그것은 우주의 총엔트로피가 증가하는 변화이다. 우주 이곳저곳에서는 별들이 핵융합 반응을 하면서 에너지를 방출하고 있다. 이것 역시 우주 엔트로피를 증가시키는 변화들이다. 지구에는 많은 종류의 생명체들이 살아가고 있다. 우주의 다른 곳에도 생명체가 살고 있는지 현재로서는 알 수 없지만 생명체도 우주의 엔트로피를 증가시키는 역할을 하고 있다.

우주의 엔트로피는 최댓값이 될 때까지 계속 증가할 것이다. 우주의 엔트로피가 최댓값이 되는 상태는 우주 전체가 열적 평형상태에 도달한 상태이다. 열적 평형상태는 단순히 모든 물체의 온도가 같아지는 상태가 아니라 엔트로피가 최댓값을 가지는 상태이다. 따라서 엔트로피가 낮은 모든 형태의 에너지가 열에너지로 바뀐 다음 열평형 상태에 도달해야 한다.

그렇다면 우주 전체가 열적 평형상태에 도달한 다음에는 어떤 일이 일어날까? 우주의 총엔트로피가 최대가 된 후에 우주에는 어떤 일도 일어나지 않아야 한다. 엔트로피가 최대가 된 다음에 일어나는 변화는 엔트로피를 감소시킬 수밖에 없기 때문이다. 이렇게 아무 일도 일어나지 않는 상태를 열적인 죽음 상태라고 부른다. 엔트로피 측면에서 본다면 우주는 엔트로피 값이 최대가 되는 열적 죽음 상태를 향해 달려가고 있다.

그러나 이런 분석에 이의를 제기하는 사람들도 있다. 우주가 팽창함에 따라 우주공간이 넓어져 우주가 가질 수 있는 최대 엔트로피가 빠르게 증가하기 때문에 최대 엔트로피에 도달하는 것이 가능하지 않다는 것이다. 하지만 이러한 주장을 실험을 통해 확인할 수 있는 방법은 없다. 우주와 같이 커다란 체계에도 우리가 실험을 통해 확인한 열역학의 법칙이 그대로 적용되는지 알 수 없다는 것이다. 언제나 우리의 호기심을 자극하는 우주의 미래를 생각해보는 것은 흥미 있는 일이다. 그러나 어쩌면 우주를 우리가 알아낸 법칙 속에 가두려고 하는 것은 우리들의 지나친 자만일는지도 모른다.

열역학 산책

원숭이가 책을 쓰는 것이 가능할까?

인터넷을 검색하다 보면 원숭이가 그럴 듯한 폼으로 컴퓨터 자판을 누르고 있는 사진을 찾아볼 수 있다. 사람들의 언어와 글자를 모르는 원숭이가 무작위로 자판의 키를 눌러 책을 한 권 쓸 확률은 얼마나 될까? 읽는 법을 배우지도 않은 채 글을 써야 하는 원숭이를 도와주기 위해 24개의 자모와 마침표, 그리고 띄어쓰기를 포함해 26개의 키만 가지고 있는 자판을 준비해주기로 하자. 원숭이가 이 자판을 이용해 하나의 자모를 제대로 칠 확률은 26분의 1이고, 두 개의 자모로 이루어진 글자 하나를 제대로 칠 확률은 26^2분의 1, 즉 676분의 1이다. 따라서 1초에 두 글자씩 누른다면 약 6분 동안 자판을 누르다 보면 우리가 원하는 글자를 칠 수 있을 것이다. 이렇게 보면 원숭이가 무작위로 키를 누른다고 해도 두 자모로 이루어진 글자를 칠 가능성은 충분히 있다.

이번에는 10개의 자모로 이루어진 한 문장을 제대로 칠 확률이 얼마나 되는지 따져보자. 원숭이가 자판의 키를 눌러 10개의 글자로 이루어진 문장을 제대

내 이름 '원숭이'를 치는 데 얼마나 오래 걸릴지 몰라!!!

로 칠 확률은 26^{10}분의 1이다. 26^{10}은 약 141조나 되는 큰 수이다. 따라서 원숭이가 1초에 두 글자씩 친다고 해도 약 200만 년이 넘는 오랜 기간 동안 자판을 두드려야 그중 한 문장이 우리가 원하는 문장일 수 있다. 그러나 이것은 확률이 그렇게 작다는 것을 나타낼 뿐이지 그것이 가능하지 않다는 것은 아니다. 원숭이가 한 시간 만에 10개의 자모로 이루어진 제대로 된 문장을 써서 우리를 깜짝 놀라게 할 수도 있다. 구체적인 계산을 해보지 않은 사람들은 원숭이가 10개의 자모를 올바른 순서대로 썼다는 이야기를 해줘도 그럴 수도 있겠지 하고 대수롭지 않게 생각할 것이다.

글자 하나당 평균 2.5번 자판을 눌러야 된다고 보면 200자 원고지 1000장짜리 책을 쓰려면 키를 적어도 500,000번 올바른 순서대로 눌러야 한다. 따라서 원숭이가 책을 한 권 쓸 확률은 $26^{500,000}$ 분의 1이다. 계산기에 $26^{500,000}$을 입력하고 계산하라고 하면 계산 결과 대신 계산 가능한 범위를 벗어났다는 메시지를 보여준다. $26^{500,000}$은 컴퓨터도 감당할 수 없는 큰 수이다. 따라서 한 마리의 원숭이가 아니라 지구상의 모든 원숭이가 달려들어 우주의 나이만큼 오랜 시간 동안 자판을 두드린다고 해도 책을 한 권 쓸 가능성은 없다. 확률이 이렇게 작다면 그런 일이 절대로 일어날 수 없다고 이야기해도 되지 않을까? 자연은 항상 확률이 높은 상태를 향해 변해가고 있다는 것이 엔트로피 증가의 법칙이다. 만약 확률이 아주 작은 일이 일어난다면 그것은 엔트로피 증가의 법칙에 어긋나는 일이 된다.

두 개로 분리된 공간의 한쪽에는 기체가 들어 있고 다른 공간은 진공이라고 가정해보자. 두 공간을 차단하는 벽을 열면 기체가 전체 공간에 골고루 퍼진다. 골고루 퍼지는 것이 엔트로피를 증가시키는 변화이기 때문이다. 기체 분자들이 불규칙하게 운동하다가 어느 순간 기체 분자가 모두 한쪽 공간으로 다시 모이는 일이 일어날 수 있을까?

입자가 몇 개라면 그런 일이 일어날 수도 있을 것이다. 다시 말해 입자의 수가 적다면 엔트로피 증가의 법칙에 어긋나는 일이 일어날 확률도 0보다 큰 값을 가진다. 그러나 입자의 수가 많아지면 그런 일이 일어날 확률이 0에 가까워진다. 어떤 물리학자는 입자의 수가 아보가드로수만큼 많은 경우에 그런 일이 일어날 확률은 원숭이가 무작위로 자판을 두드려 햄릿이라는 책을 쓸 확률보다 작다고 했다. 따라서 우리는 원숭이가 햄릿이라는 소설을 썼다는 이야기를 듣기 전까지는 수많은 입자들로 이루어진 세상에서 엔트로피 증가의 법칙에 어긋나는 일이 절대로 일어나지 않는다고 이야기해도 될 것이다.

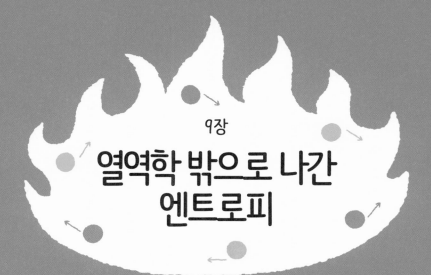

9장

열역학 밖으로 나간
엔트로피

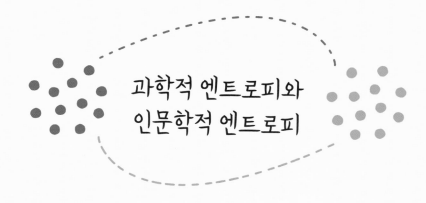

과학적 엔트로피와 인문학적 엔트로피

　루돌프 클라우지우스는 열역학 제2법칙을 통일적으로 설명하기 위해 열량을 온도로 나눈 양을 엔트로피라고 정의했다. 이렇게 정의된 엔트로피는 열량과 온도만 측정하면 쉽게 그 양을 알 수 있고, 여러 가지 열역학적 과정에서 엔트로피가 어떻게 변하는지를 계산할 수 있다. 볼츠만은 거시 상태에 포함되어 있는 미시 상태의 수를 이용해서 새롭게 엔트로피를 정의했다. 수없이 많은 입자들로 이루어진 체계에서 이 입자들이 가질 수 있는 미시 상태의 수를 직접 측정하여 엔트로피를 알아내는 것은 가능하지 않지만 측정 가능한 양들을 이용해서 엔트로피를 계산해 낼 수 있다. 따라서 계산 결과를 실험결과와 비교해 볼 수 있다.

　통계적으로 정의한 엔트로피가 과학적인 물리량이 될 수 있는 것은 이론적으로 계산한 결과를 실험을 통해 확인할 수 있기 때문이다. 열역학이나 통계물리학에서 엔트로피 증가의 법칙은 변화의 방향을 제시하는 중요한 법칙이다. 과학자들 중에는 엔트로피 증가의 법칙이 모든 자연 법칙 중에서 가장 중요한 법칙이라고 주장하는 사람들도 있다. 그러자 열역학 밖에 있는 현상들에 대해서도 엔트로피 증가의 법칙을 이용하여 설명하려고 시도하는 사람들이 나타나기 시작했다.

처음에는 생물학이나 우주론과 같이 과학적 현상을 다루는 분야에 엔트로피 증가의 법칙을 적용하기 시작했다. 이런 분야에서는 열역학에서와 같이 정량적으로 엔트로피를 정의하고 계산이나 실험을 통해 그 값을 알아낼 수는 없지만, 엔트로피가 가지고 있는 본래의 의미는 비교적 잘 반영되고 있다. 따라서 엔트로피나 열역학 제2법칙을 이용한 설명이 상당한 설득력을 가지고 있다.

그러나 엔트로피라는 개념과 엔트로피 증가의 법칙은 여기서 그치지 않고 또 하나의 경계를 뛰어넘었다. 아예 과학의 경계 바깥으로 나간 것이다. 과학의 경계 밖으로 나간 엔트로피는 사회, 경제, 역사 등 다양한 분야에서 일어나는 일들을 설명하는 데 사용되고 있다. 그러나 이렇게 과학 바깥으로 나간 엔트로피는 정확하게 정의되어 있지 않아 그 양을 측정할 수 없다. 그리고 엔트로피 증가의 법칙이 적용되기 위해서는 고립계여야 한다는 조건마저도 엄격하게 지켜지지 않는다.

과학 바깥으로 나간 인문학적인 엔트로피는 거추장스러운 장식들을 벗어던지고 엔트로피의 기본적인 개념만을 유지하고 있다. 거추장스러운 장식을 모두 벗어던진 인문학적 엔트로피는 열역학적 엔트로피는 가질 수 없었던 자유를 향유할 수 있게 되었다. 엔트로피 증가의 법칙은 이제 모든 것의 변화를 설명하는 요술 지팡이처럼 사용되기 시작했다. 인문학적 엔트로피는 정확하게 정의되어 있지 않아 그 양을 측정하거나 계산할 수 없어 엔트로피를 이용한 설명이 옳다는 것을 실험을 통해 증명할 수도 없지만 옳지 않다고 반박하기도 어렵다.

따라서 때로는 엔트로피 증가의 법칙을 이용한 설명이 엉뚱한 것이 되기도 하고 억지스런 주장이 될 때도 있다. 그럼에도 불구하고 인류 역사나 기술의 진보, 경제 현상과 같은 분야에 과학 법칙인 열역학 제2법칙을 도입함으로써 분석 결과가 더 큰 신빙성을 가지게 되는 경우도 많다. 열역학 제2법칙을 이용하여 새로운 방법으로 조명한 인류 역사는 인류가 이루어놓은 문명에 대한 새로운 시각을 제공하기도 했다.

　열과 엔트로피를 다룬 이 책의 마지막 장에서는 열역학 바깥으로 나간 엔트로피가 세상을 설명하는 데 어떻게 이용되고 있는지에 대해 알아보려고 한다. 지금까지의 열과 엔트로피 이야기에서는 꼭 필요한 수식마저도 가능하면 사용하지 않고 말로 설명하려고 했기 때문에 어려움이 있었지만, 이 장에서는 내용을 그럴 듯하게 포장하기 위해 사용하고 싶어도 사용할 수식이 없다.

　수식으로부터 해방된 엔트로피와 엔트로피 증가의 법칙 이야기는 쉬운 이야기처럼 보일 수도 있지만, 논리적 인과관계가 명확하지 않아 정확한 의미를 파악하기 어려운 이야기가 될 수도 있다. 그러나 그렇다고 해도 엔트로피와 엔트로피 증가의 법칙을 이용한 분석이 주는 신선한 충격이 줄어들지는 않을 것이다.

슈뢰딩거의 『생명이란 무엇인가?』

오스트리아의 물리학자인 에르빈 슈뢰딩거는 1926년에 양자역학의 기초가 되는 슈뢰딩거 방정식을 제안했다. 슈뢰딩거 방정식은 뉴턴역학에서 $F=ma$라는 식이나 전자기학에서 맥스웰 방정식처럼 양자역학의 중심이 되는 방정식이다. 그러나 덴마크의 닐스 보어를 중심으로 한 주류 물리학자들이 슈뢰딩거 방정식을 슈뢰딩거의 의도와 다르게 확률적으로 해석하자 슈뢰딩거는 양자역학에 불만을 가지기도 했다. 양자역학 발전에 기여한 공로로 1933년 노벨 물리학상을 받은 슈뢰딩거였지

■ 양자역학의 기초를 만든 에르빈 슈뢰딩거(1887~1961년)는 생명체를 물리학적으로 분석하는 책을 쓰기도 했다. (출처 : 위키백과)

만, 그는 양자역학의 확률적 해석이 옳지 않다는 것을 보여주기 위해 1935년에는 '슈뢰딩거 고양이'라는 사고실험을 제안하기도 했다.

1940년부터 아일랜드에 있는 더블린 고등연구소에서 이론물리학 부장으로 근무하던 슈뢰딩거는 1943년에 했던 강의 내용을 모아 1944년에 『생명이란 무엇인가?』라는 책을 출판했다. 일반 독자들을 위해 쓴 이 책에서는 생명체 내부에서 일어나는 생명 현상을 양자역학과 통계물리학으로는 어떻게 설명할 수 있는지에 대해 다뤘다. DNA의 분자 구조를 밝혀낸 제임스 왓슨과 프랜시스 크릭은 후에 『생명이란 무엇인가?』를 읽은 것이 DNA 분자 구조를 연구하는 계기

가 되었다고 회고했다.

『생명이란 무엇인가?』에서 슈뢰딩거는 커다란 규모에서는 잘 정의된 물리법칙이 작은 규모에서는 어려움에 처하게 된다고 설명했다. 그는 이것을 '무질서로부터 질서로'의 원리라고 불렀다. 그는 물질이 섞이는 확산을 예로 들었다. 큰 크기에서 보면 확산은 물리법칙으로 설명할 수 있는 매우 질서 정연한 과정이지만 원자나 분자 크기에서 보면 입자들의 무작위하고 불규칙한 운동이라는 것이다. 슈뢰딩거는 유전정보를 포함하고 있는 분자는 크기가 작으면서도 오랫동안 안정한 상태를 유지할 수 있는 분자여야 한다고 했다. 이것은 작은 크기에서는 무작위한 운동이 일어나야 한다는 무질서로부터 질서로의 원리와는 다른 것이어서 고전 물리학으로는 설명할 수 없는 문제라고 보았다.

슈뢰딩거는 적은 수의 원자들로 이루어졌으면서도 안정한 구조를 가지는 분자가 존재할 수 있는 것은 양자역학의 불연속적인 성질 때문이라고 설명했다. 생명체에서 일어나는 돌연변이도 양자역학으로 설명하려고 했던 그는 생명 현상을 열역학 제2법칙을 이용하여 새롭게 정의했다. 슈뢰딩거는 생명체는 외부로부터 마이너스 엔트로피를 흡수함으로써 열역학적 평형상태에 도달하는 것을 피해간다고 설명했다. 열적 평형상태는 더 이상 아무 현상도 일어나지 않는 열적 죽음의 상태이므로 생명체가 살아 있기 위해서는 열적 비평형 상태에 있어야 한다. 생명체가 열적 비평형 상태, 즉 주위 환경보다 엔트로피가 낮은 상태를 유지하기 위해서는 주위 환경으로부터 계속적으로 마이너스 엔트로피를 흡수해야 한다는 것이다.

생명체가 마이너스 엔트로피를 흡수한다는 것은 생명체가 성장하면서 외부의 엔트로피를 증가시키는 대신 자신의 엔트로피는 감소시키는 것을 가리킨다. 생명체가 외부로부터 섭취하는 영양분은 엔트로피가 낮은 물질이고, 외부로 배설하는 배설물은 엔트로피가 높은 물질이다. 따라서 영양분을 흡수하여 성장하는 동안 생명체의 엔트로피는 감소하지만 생명체와 환경을 합한 전체 엔트로피는 증가된다는 것이다.

슈뢰딩거는 ① 생명체의 몸은 자연 법칙에 따르는 순수한 기계 장치이다, ② 그럼에도 불구하고 생명체는 의지에 의해 결과를 예측할 수 있는 운동을 하고, 그런 운동의 결과에 책임을 진다는 두 가지 사실로부터 생명체는 자연 법칙을 이용하여 '원자들의 운동'을 통제할 수 있는 존재라고 결론지었다. 그는 이 책에서 결정론, 자유의지, 그리고 인간의 의식 구조가 가지는 신비를 인도의 철학과 연결 짓는 철학적 고찰로 마무리했다.

생명체에 대한 슈뢰딩거의 이러한 설명은 양자역학과 통계물리학의 법칙을 생명체에까지 적용한 획기적인 시도였다. 주로 단순화된 모델에 적용되는 물리법칙을 생명체라는 복잡한 체계에 적용하는 데에는 무리가 있었지만 생명 현상을 엔트로피 증가의 법칙을 이용하여 설명한 것은 많은 사람들의 공감을 얻었다. 따라서 "생명체는 마이너스 엔트로피를 먹고 살아간다."라는 말은 슈뢰딩거의 이름과 함께 자주 거론되는 유명한 이야기가 되었다.

생명체와 엔트로피

모든 자연현상은 엔트로피가 증가하는 방향으로 진행되어야 한다는 것이 엔트로피 증가의 법칙이다. 그러나 생명체가 성장하고 진화하는 과정에서는 엔트로피가 감소한다. 이것을 슈뢰딩거의 패러독스라고 부르는 사람들도 있다. 하지만 합리적인 설명이 가능하지 않은 현상을 패러독스라고 한다면 이것은 패러독스라고 할 수 없을 것이다.

식물은 토양과 공기 속에 무질서하게 흩어져 있는 원자들을 모아 고도로 질서 정연한 구조를 만든다. 토양 속에 흩어져 있던 엔트로피가 큰 상태의 분자들을 모아 엔트로피가 작은 맛있는 사과를 만들어내는 사과나무를 보면 사과나무가 엔트로피 증가의 법칙을 무시하고 있는 것처럼 보인다.

처음 지구상에 나타난 생명체는 단순한 구조를 가진 단세포 생명체였다. 그러나 40억 년의 진화 과정을 거치면서 크고 복잡한 구조를 가진 생명체로 진화했다. 따라서 진화론을 반대하는 사람들은 진화가 엔트로피 증가의 법칙에 어긋난다는 것을 진화론이 옳지 않다는 증거로 제시하기도 했다.

그러나 엔트로피 증가의 법칙은 외부와 물질이나 에너지를 주고받지 않는 고립계에서만 성립되는 법칙이라는 것을 기억한다면 이 문제는 쉽게 해결된다. 외부 환경과 물질이나 에너지를 주고받는 열린계에서는 계의 엔트로피가 감소하는 동안 외부 환경의 엔트로피가 증가해 전체적으로는 엔트로피가 증가할 수 있다. 사과나무는 작은 엔트로피를 가지고 있는 사과를 만들기 위해 엔트로피가 낮은 태양으로부터 제공받은 빛에너지를 엔트로피가 높은 에너지로 바꿔 놓았고, 화학적으로 안정한 상태에 있던 이산화탄소에서 높은 에너지 상태의 산소로 분리해 놓아 전체적으로 엔트로피를 증가시킨다. 전체적인 엔트로피가 증가한다면 특정한 계의 엔트로피가 감소해도 엔트로피 증가의 법칙에 어긋나지 않는다.

생명체의 성장이나 진화가 엔트로피 증가의 법칙에 따른다고 해서 생명체가 가지는 신비가 사라지는 것은 아니다. 생명체는 성장과 진화를 통해 지구 전체의 엔트로피를 크게 증가시키고 있다. 자연에서 일어나는 현상들은 모두 지구 전체의 엔트로피를 증가시키지만 생명체는 어떤 자연현상보다도 효과적으로 엔트로피를 증가시키고 있다.

작은 섬에 코끼리가 한 마리 살고 있다고 가정해보자. 이 코끼리는 섬에 있는 풀을 먹고 에너지를 흡수해 몸집을 키운다. 코끼리의 몸집이 커짐에 따라 코끼리가 가지고 있는 엔트로피는 감소한다. 그러나 그러기 위해 코끼리는 섬 전체를 배설물로 어지럽혀 놓아야 한다. 다시 말해 코끼리 몸이 커지면서 감소하는 엔트로피의 양보다 코끼리가 먹고 배설하면서 섬 전체에 증가시킨 엔트로피가 훨씬 크다. 코끼리는 결국 섬의 엔트로피를 빠르게 증가시키기 위한 가장 효과적인 자연의 장치인 셈이다.

열역학에서와는 달리 우리는 코끼리나 배설물이 가지고 있는 엔트로피를 이론적으로 계산하거나 실험을 통해 측정할 수 없어서 이런 설명이 옳다는 것을 증명할 수는 없다. 그러나 이런 설명이 열역학적 엔트로피에 대한 설명과 크게 다르지 않으므로 망설이지 않고 받아들일 수 있다.

우주 전체의 엔트로피를 가장 효과적으로 증가시킬 수 있는 생명체가 어떻게 존재하게 되었는지 알 수는 없다. 그것은 전적으로 자연법칙의 결과일 수도 있고, 절대자의 뜻일 수도 있다. 그러나 모든 생명체는 매우 효과적으로 우주의 엔트로피를 증가시키고 있으며, 생명체 중에서도 가장 많은 에너지를 사용하는 인류는 지구의 엔트로피 증가에 가장 크게 기여하고 있다. 인류가 신에게 특별한 존재인 것은 우주의 엔트로피를 증가시키려는 신의 의도를 가장 잘 실현하고 있기 때문은 아닐까?

제레미 리프킨의『엔트로피』

1945년에 미국의 콜로라도 주에 있는 덴버에서 태어나 펜실베이니아대학에서 경제학으로 학사학위를 받고, 투프트대학에서 국제관계학으로 석사학위를 받은 후 경제학자, 사회학자, 작가, 사회 운동가 등으로 활동하고 있는 제레미 리프킨(1945~)은 1980년에 인류의 역사를 엔트로피와 엔트로피 증가의 법칙을 이용하여 설명한『엔트로피』라는 책을 출판했다. 인류의 역사와 사회의 구조, 그리고 기술의

진보를 엔트로피라는 개념을 이용하여 설명
하고, 인류가 엔트로피 증가의 법칙에 입각
한 새로운 세계관을 통해 생활 방법을 바꿔
야 한다고 주장한 이 책은 엔트로피와 엔트
로피 증가의 법칙을 과학적으로 설명한 어떤
책보다도 더 많은 사람들의 주목을 받았고
일반인들에게 더 많은 영향을 주었다. 엄밀
하게 정의된 열역학적 엔트로피보다 의미가
명확하지 않은 인문학적인 엔트로피가 더 큰
영향력을 발휘하게 된 것이다.

■ 제레미 리프킨(1945년~) (출처 : 위키백과)

리프킨은 이 책에서 엔트로피는 감소할 수 없다는 열역학 제2법
칙이 정치, 경제, 사회, 종교 등 모든 분야에 적용되는 가장 기본적인
법칙이 될 것이라고 주장했다. 이 책의 서문에는 다음과 같은 내용이
실려 있다.

정치가들은 에너지에서 군비축소에 이르기까지 다양한 이슈에 대해 엔
트로피 증가의 법칙의 중요성을 역설할 것이고, 신학자들은 엔트로피 패
러다임에 입각하여 성서에 대한 새로운 해석을 내놓을 것이며, 경제학자
들은 고전 경제이론을 수정하여 엔트로피 증가의 법칙과 일치시키느라
고 바빠질 것이다. 심리학자들과 사회학자들은 엔트로피를 배경으로 하
여 인간의 본성을 새롭게 탐구하기 시작할 것이다.

리프킨은 프랜시스 베이컨, 르네 데카르트, 아이작 뉴턴, 존 로크, 그리고 아담 스미스로 이어지는 학자들에 의해 형성된 잘못된 기계론적인 세계관에서 벗어나 엔트로피 증가의 법칙에 입각한 새로운 세계관을 정립하는 것만이 현재 인류 역사가 봉착한 에너지 위기를 타개하고 자연과 화합하는 방법이라고 주장했다.

다음에 소개하는 내용은 리프킨이 『엔트로피』라는 책에서 세계관, 기술의 진보 등과 관련해 설명해 놓은 것 중 일부를 요약한 것이다. 이 내용은 엔트로피와 엔트로피 증가의 법칙이 과학이 아닌 다른 분야에서 어떻게 사용되고 있는지를 잘 보여줄 것이다.

『엔트로피』에서 리프킨은 각각의 철학자들과 과학자들에 의해 기계론적 세계관이 형성되는 과정을 고찰하였다.

프란시스 베이컨은 질서 있는 상태에서 쇠락한 상태로 변하는 것을 반복하는 것으로 본 그리스적 세계관을 거부했으며, 르네 데카르트는 인간에게 수학을 통해 세상의 진리를 알아내고 세상의 주인이 될 수 있다는 신념을 심어주었고, 아이작 뉴턴은 기계적 세계관의 중심이 되는 수학적 방법론을 제공했다. 이들의 주장을 바탕으로 성립된 기계론적 세계관에서는 인류의 역사를 무질서한 혼돈 상태로부터 기계론이 제시하는 질서 있고 예측 가능한 상태로의 진전이라고 파악했다.

리프킨의 설명에 의하면 베이컨이 자연으로부터 신을 밀어낸 것처럼 존 로크는 인간사로부터 신을 제거하여 인간을 물질들과 기계적으로 상호작용하는 물리적 실체로 전락시켰다고 했다. 그는 또한

『국부론』을 통해 가장 효율적인 경제 운영 방법은 자유방임이라고 주장했던 아담 스미스가 로크가 사회적 관계에서 도덕성을 제거해버린 것처럼 경제에서 도덕성을 제거해버렸다고 주장했다. 아담 스미스가 모든 경제 활동을 지배하고 있는 보이지 않는 손이 투자, 고용, 자원의 활용, 상품의 생산을 자동적으로 통제한다고 보았다는 것이다.

리프킨은 찰스 다윈의 『종의 기원』이 출판된 후부터 진보라는 개념을 바탕으로 하는 기계론적 세계관이 전성기를 구가하게 되

■ 찰스 다윈의 『종의 기원』 (출처:위키백과)

었다고 주장했다. 진보란 덜 질서 있는 자연적인 세계가 인간에 의해 이용되어 더 질서 있는 물질적 환경으로 바뀌는 것을 말한다. 달리 말하면 진보란 자연에 존재했던 최초의 가치보다 더 큰 가치를 자연으로부터 창출해내는 것이다. 그렇다면 인간은 어떻게 진보를 이루어낼까?

잉여이론에 의하면 사람들의 행동 양식에 중요한 변화가 생기는 시기는 풍요의 결과로 얻어진 잉여로 인해 생각하고 실험할 수 있는 여유 시간이 생겼을 때로 이때 진보가 이루어진다. 이 이론에 의하면 수렵과 채취 생활을 하던 사람들이 잉여를 축적하지 못했다면 농경 사회로 옮겨가지 못했을 것이라 한다. 진보를 특징으로 하는 기계적인 세계관은 기술의 진보로 인해 확보된 잉여 덕분에 사람들이 새로

운 도구와 기술을 발명하는 데 필요한 자유 시간을 얻게 되었고, 새로운 도구와 기술로 인해 사람들은 더욱 큰 물질적 풍요를 누리게 되었다고 설명한다. 진보로 인해 세계는 더욱 효율화되어 왔으며, 인간의 삶은 더욱 안락해졌다고 본 것이다.

그러나 리프킨은 여러 가지 증거로 미루어 볼 때 수렵과 채취로 생활하던 사람들이 풍요의 결과로 농경과 목축을 시작한 것이 아니라 사냥감과 채취할 식물이 줄어들어 생존의 위기에 처하자 농경이라는 새로운 실험을 하게 되었을 가능성이 더 크다는 설명이 보다 설득력이 있다고 주장했다. 오늘날 남아 있는 수렵 채취 사회에 대한 연구결과들이 기존의 생활방식이 비경제적이 되자 점진적으로 여러 단계의 실험을 거쳐 농경과 목축 생활을 하게 되었다는 가설을 지지하고 있다는 것이다.

그는 엔트로피 증가의 법칙 측면에서 볼 때 각 단계가 지날 때마다 세계가 가지고 있는 유용한 에너지의 양이 줄어들기 때문에 새롭게 형성된 환경은 앞선 환경보다 에너지적인 면에서 더 열악하다고 보았다. 인간의 생존은 유용한 에너지의 양에 달려 있기 때문에 시간이 갈수록 인간은 삶을 영위하기가 점점 더 어려워진다. 갈수록 어려워지는 환경에서 살아남기 위해서는 일을 덜 해야 하는 것이 아니라 더 해야 한다. 인간은 이 문제를 기술을 개발하여 해결해왔다.

기계론적 세계관에서는 발달된 기술이 비효율적인 인간의 힘을 효율적인 기계의 힘으로 대치하여 인간의 짐을 덜어줌과 동시에 더욱 많은 부를 생산한다고 주장하고 이것을 진보라고 파악하지만, 인류가 기술을 발전시킬 때마다 에너지는 분산되고 무질서가 증가하는 속도는 더 빨라졌다. 에너지의 흐름이 빨라짐에 따라 기존의 에너지원을 새로운 에너지원으로 바꿔야 하는 시간도 짧아졌다.

수렵과 채취로 생활하던 사람들이 수렵과 채취를 포기하고 농경과 목축을 시작하기까지 수백만 년이 걸렸고, 농경이 시작된 시점으로부터 산업사회로 옮겨가야 했던 시점까지도 수천 년이 걸렸다. 그러나 산업사회로 전환되고 불과 수백 년밖에 지나지 않은 지금 우리는 새로운 에너지원을 개발해야 하는 시점에 도달해 있다.

리프킨은 살아가기 위해 더 많은 에너지를 사용하는 것은 효율적인 것도 아니고 진보도 아니라고 주장했다. 100만 년 전과 비교할 때 오늘날에는 한 사람이 살아가기 위해 소비하는 에너지의 양이 1000배가 넘는다. 인간이 해야 할 더 많은 일을 사람이 아니라 기계가 한다는 이유로 우리가 살아가기 위해 적게 일을 한다고 생각하는 것은 환상에 지나지 않는다는 것이다. 우리는 기계를 사용하면서 더 빠른 속도로 엔트로피를 증가시키고 있다. 그것은 열역학의 측면에서 보면 진보가 아니라 퇴보이다.

리프킨은 사회와 기술이 진보함에 따라 더 질서 있는 사회로 발전한다는 기계론적 세계관이나 역사관은, 인류 역사는 더 많은 에너지를 사용함으로써 유용한 에너지가 줄어드는 방향으로 진행되고 있다는 엔트로피 증가의 법칙에 입각한 새로운 세계관으로 대체되어야 한다고 역설한다. 리프킨은 새로운 세계관에 입각하여 사회와 개인이 에너지를 덜 사용하는 방향으로 생활방식을 바꾸는 것이 진정한 의미의 진보라고 주장했다.

그의 이런 주장을 비판하는 사람들도 많다. 엔트로피 증가의 법칙을 내세워 인류 역사를 발전하는 과정이 아니라 효용성이 큰 에너지를 소모하여 쓸모없는 에너지로 전환하는 퇴보의 과정으로 본 것은 논리적 비약이라는 것이다. 그런 사람들은 외부 환경과 상호작용하고 있는 사람들로 이루어진 사회와 인류 역사에는 고립계에서만 성립되는 엔트로피 증가의 법칙을 적용할 수 없다고 주장한다. 인류의 역사에서 인류가 어떤 에너지를 사용하는가 하는 문제는 가장 중요한 문제 중 하나였으나 인류 역사에 영향을 준 것은 에너지만이 아니었다는 것이다. 따라서 인류 역사의 흐름에서 에너지의 효용성만을 문제 삼는 것은 인류 역사를 지나치게 단순화한 것이라고 비판했다.

시간과 엔트로피

수학적 법칙에 의해 움직이는 뉴턴역학의 세계에서는 모든 변화가 가역적이다. 두 물체가 충돌하는 과정을 동영상으로 찍은 다음 거꾸로 돌려보아도 전혀 이상하게 보이지 않는다. 그러나 폭포에서 떨어지는 물을 찍은 동영상을 거꾸로 돌려보면 이상하게 보인다. 뉴턴역학에 의하면 물이 거꾸로 흘러도 아무런 모순이 없지만 실제로는 그런 일이 일어나지 않는다. 시간의 흐름이 비가역적이기 때문이다. 시간이 흐르는 방향을 제시해주는 것이 엔트로피 증가의 법칙이다. 우리는 한 사건과 다음에 일어나는 사건을 통해 시간의 흐름을 인식한다. 그리고 모든 사건이 일어날 때는 엔트로피가 증가한다. 엔트로피 증가의 법칙은 시간이 흐르는 방향을 제시해주는 시간의 화살이다.

엔트로피 증가의 법칙은 우리에게 시간이 흘러가는 방향을 알려주기는 하지만 시간이 흐르는 속도는 알려주지는 않는다. 우리는 엔트로피 증가의 법칙으로 인해 시간을 뒤로 돌릴 수 없지만 엔트로피가 증가하는 속도를 바꿀 수는 있다. 우리의 생활방식과 행동 양식을 결정하는 것은 지구상의 유용한 에너지를 얼마나 빨리 소비할 것인가를 결정하는 일이다. 유용한 에너지를 천천히 소비하는 것은 열적 죽음 상태에 도달하는 시간을 연장하는 것이고, 그것은 시간이 흐르는 속도를 늦추는 것과 같다.

경제 발전과 기술의 진보

경제 발전이란 좀 더 집중적으로 에너지를 소비하는 방법을 개발하는 것을 의미한다. 우리는 새로운 방법을 개발하는 것을 진보라고 생각하지만 새로운 방법은 더 어려운 에너지 환경에 적응하기 위한 새로운 방법에 지나지 않는 경우가 많다. 그리고 새로운 방법은 더 많은 유용한 에너지를 쓸모없는 에너지로 바꿔놓는다.

인류가 개발한 기술은 대부분 한 가지 형태의 에너지를 다른 형태의 에너지로 바꾸는 방법이다. 에너지는 잠시 비평형 상태에서 생명체를 유지하는 데 사용되지만 결국은 쓸모없는 에너지가 되어 흩어진다. 발전한 기술은 기존의 에너지원에 뭔가를 더해서 처음보다 더 많은 것을 얻어내고 있는 것처럼 보일 때도 있다. 그러나 아무리 발전된 기술도 열역학 제1법칙으로 인해 에너지를 창조할 수 없고, 열역학 제2법칙에 의해 유용한 에너지를 무용한 에너지로 바꿔놓을 뿐이다. 기술의 규모가 크고 복잡할수록 에너지 소비량이 증가할 뿐이다.

기술의 진보가 우리를 환경에 대한 의존으로부터 해방시켜 줄 것이라고 생각하는 사람들이 많다. 그러나 실제로는 더 많은 에너지를 사용하는 새로운 기술로 인해 더욱 자연 의존적이 되어가고 있다. 기술이 더 질서 있는 사회를 만들 것이라고 생각하는 경향이 있지만 새로운 기술이 유용한 에너지를 사용할 때마다 환경의 무질서가 증가한다. 기술이 발전할수록 유용한 에너지가 빨리 분산되고 무질서는 증가한다.

제품, 공정, 계획, 또는 서비스에 의해 파생된 2차 효과로 발생하는 예상치 못한 외부비용 역시 기술 발전에 따른 부작용 중 하나이다. 많은 사람들은 기술이 생각지 못했던 외부비용을 발생시키는 경우에도 새로운 기술을 개발함으로써 문제의 해결책을 찾을 수 있을 것이라고 생각한다. 그러나 외부비용은 생각보다 심각한 문제를 만드는 경우가 많다. 엔트로피 증가의 법칙이 적용되고 있는 세상에서 모든 기술은 외부비용을 지불해야 한다.

전체 시스템이 사용하는 에너지의 양이 늘어나고 엔트로피가 최 댓값을 갖는 상태를 향해 나가면 에너지 흐름의 전 과정에 수확 체감 의 법칙이 적용되어 새로운 기술을 개발하는 비용이 더욱 커진다. 과 거의 에너지 흐름으로 인해 생겨난 무질서가 계속 축적됨에 따라 그 압력이 커져서 새로운 기술의 개발 가능성이 점점 더 작아진다.

문화나 문명이 위기에 봉착할 때마다 중앙 집중식 제어가 더욱 강화되는 이유 역시 엔트로피 증가의 법칙으로부터 찾을 수 있다. 정 치 및 경제 기구들도 기술이나 기계와 마찬가지로 에너지를 변환시 키는 장치이다. 이들은 사회 전체를 통해 흐르는 에너지의 흐름을 더 욱 원활하게 하는 역할을 한다. 에너지 흐름의 모든 단계에서 에너지 는 변환되고 교환되며 폐기된다. 이 과정에서 에너지는 더욱 분산되 어 엔트로피가 증가한다. 엔트로피가 증가함에 따라 에너지 흐름이 방해를 받는다.

에너지 흐름을 최대로 유지하기 위해서는 시스템 구석구석에서 점점 더 빨리 증가하는 무질서의 문제를 해결해 주어야 한다. 따라서 정치 및 경제기구들은 무질서의 문제를 해결하기 위해 더 강력한 기 구들을 만든다. 무질서가 너무 커져 사회 기능이 위협받을 정도가 되 는 시점이 되면 더욱 큰 중앙 집중적 기구가 나타나 질서를 회복하려 는 노력을 하게 된다. 국가는 때로 새로운 에너지원을 확보하기 위해 무력을 사용하기도 한다. 이에 따라 국가 기구는 더욱 강력해지고 중 앙 집중적이 된다.

우리는 진보라는 이름하에 더 많은 에너지를 사용하는 기술을 개발하고 있으며, 따라서 더 빠른 속도로 엔트로피를 증가시키고 있다. 열역학 제2법칙에 의하면 역사는 유용한 에너지를 무용한 에너지로 바꾸는 과정이다. 우리 문명이 오래 존속하기 위해서는 더 많은 에너지를 사용하는 새로운 기술을 개발하는 진보가 아니라 에너지 흐름의 속도를 줄여 엔트로피 증가의 속도를 줄이는 방법을 강구해야 한다.

교육과 엔트로피

초등학교에 갓 입학한 학생들을 한 줄로 세워 놓으면 얼마 되지 않아 이리저리 흩어진다. 선생님이 큰 소리로 부르면 잠시 줄로 돌아오지만 곧 다시 줄이 꼬불꼬불해진다. 그러나 초등학교와 중고등학교 과정을 마치고 난 다음에는 한두 시간 계속되는 수업도 바른 자세로 들을 수 있게 된다. 초등학교에 입학할 때는 엔트로피가 높은 상태에 있던 학생들이 12년의 교육과정을 통해 엔트로피가 낮아졌기 때문이다.

엔트로피가 가장 낮은 상태는 군대에서 훈련을 받았을 때이다. 많은 군인들이 질서 정연하게 행동할 수 있는 것은 오랫동안의 훈련을 통해 엔트로피가 아주 낮은 상태가 되었기 때문이다. 그러나 엔트로피가 낮은 상태는 자연스러운 상태가 아니기 때문에 시간이 지나면 교육과 훈련을 통해 줄여 놓았던 엔트로피가 다시 증가한다. 사회의

질서가 유지되는 것은 교육과 훈련, 그리고 법과 통제를 통해 엔트로피를 낮추고 있기 때문이다. 그렇다면 교육과 훈련은 엔트로피 증가의 법칙에 어긋나는 것이 아닐까?

교육과 훈련을 통해 엔트로피를 낮추기 위해서는 많은 비용과 에너지를 소비해야 한다. 훈련에 필요한 시설을 만들고 유지하는 데도 에너지가 필요하고, 선생님과 교관이 교육을 하는 과정에서도 에너지를 소비해야 하며, 질서를 파괴하는 행위를 하는 사람들을 처벌하는 데도 에너지가 필요하다. 교육과 훈련을 통해 감소하는 엔트로피의 양과 교육을 위해 사용하는 에너지로 인해 증가하는 엔트로피의 양을 계량화할 수는 없지만 우리는 교육으로 인해 감소하는 엔트로피보다 교육을 하는 동안 소비하는 에너지로 인해 증가하는 엔트로피가 더 크다는 것을 쉽게 짐작할 수 있을 것이다. 교육과정도 엔트로피 증가의 법칙을 피해갈 수 없기 때문이다.

교육 시설의 개선이나 교육 방법의 진보는 엔트로피의 증가 속도를 가속시킨다. 우리는 교육 시설의 개선과 새로운 교육 보조재의 사용으로 교육 효과가 좋아졌다는 연구 보고를 자주 들을 수 있다. 그러나 엔트로피 측면에서 보면 약간의 엔트로피를 감소시키기 위해 주위 환경의 엔트로피를 훨씬 더 많이 증가시키고 있다. 대개의 경우 교육 시설과 교육 방법의 개선에 엔트로피의 증가를 고려하지 않기 때문이다. 진정한 의미의 진보는 교육 효과를 증대시키면서도 엔트로피 증가 속도를 최소로 하는 방안을 찾아내는 것이다.

"공짜 점심 같은 것은 없다."

과학자, 경제학자, 환경학자 등 많은 사람들이 인용하는 "There ain't no such thing as a free lunch."라는 말을 문자 그대로 번역하면 "공짜 점심과 같은 것은 없다."가 된다. 이 말은 "공짜 점심(free lunch)은 없다."라는 말로 사용되기도 하고, 이 말의 영어 문장을 이루는 단어들의 머리글자를 따서 TANSTAAFL이라는 약자로 사용되기도 한다. 1930년대 미국에서부터 널리 사용되기 시작한 이 말을 누가 처음 사용하였는지는 알려져 있지 않지만, 미국의 경제학자 밀턴 프리드먼이 1975년에 출판한 책에서 이 말을 사용하면서 유명해졌다.

미국의 서부개척 시대에 손님이 없어 운영이 어렵게 된 술집이 술을 마시는 사람들에게 공짜 점심을 제공한 것에서부터 이 말이 생겨났다고 주장하는 이야기도 전해진다. 사람들이 공짜 점심을 먹기 위해 몰려들었고, 덕분에 술집은 날로 번창했다. 공짜 점심을 제공하고도 술집이 번창할 수 있었던 것은 점심으로 소금을 많이 넣은 짠 음식을 제공함으로써 식사를 한 후에 술이나 음료수를 주문해 마시도록 했기 때문이었다. 공짜처럼 보였지만 사실은 공짜가 아니었던 것이다.

경제학에서는 이 말을 기회비용을 설명하는 데 자주 인용한다. 어떤 것을 선택하기 위해서는 다른 것을 포기해야 하는데, 한 가지를 선택하기 위해 포기하는 다른 것이 기회비용이다. 새로 나온 물건을 홍보하기 위해 공짜로 제품을 나눠주는 경우도 있다. 그러나 그 제품을 얻기 위해서는 그것을 나눠주는 장소에 가서 그들이 제공하는 제품을 살펴봐야 하고, 홍보 팸플릿을 읽어야 한다. 결국 그것을 얻기 위해 다른 일을 해야 할 시간이나 노력을 포기해야 한다. 따라서 당장은 공짜인 것 같지만 결국은 우리도 모르는 사이에 대가를 지불하고 있는 것이다. 이런 예는 얼마든지 있다.

그러나 사람이 살아가는 동안 접하는 일들이 모두 대가를 지불하는 일인지, 정말로 공짜 점심이 없는지에 대해서는 좀 더 생각해봐야 할 구석이 있다. 부모가 자식을 위해 하는 일들이나 친구가 다른 친구를 위해 해주는 일들, 그리고 아무런 사심 없이 다른 사람들에게 베푸는 일들까지 기회비용이라는 잣대를 들이대 사실은 공짜가 아니라고 평가절하할 필요가 있을까? 선의의 공짜 점심을 제공하는 사람들에게까지 경제학의 원리를 적용하는 것이 옳은 일일까? 따라서 이 말을 "공짜처럼 보이지만 사실은 공짜가 아닌 것이 많다." 정도로 조금 완화하는 것이 나을는지도 모른다. 사람 사이의 일들을 딱 잘라 한마디로 단정하거나 규정하는 것은 생각보다 어려운 일이기 때문이다.

그러나 공짜 점심은 없다는 말이 아주 잘 들어맞는 곳이 있다. 그것은 엔트로피 증가의 법칙이 적용되는 세상이다. 엔트로피 증가의 법칙은 누구도 피해갈 수 없는 우주적인 법칙이다. 따라서 어느 곳에서 엔트로피가 감소하면 그 대가로 다른 곳의 엔트로피가 증가해야 한다. 공짜로 엔트로피를 감소시킬 수 있는 방법은 없기 때문이다.

사람들이 발명한 모든 기술이나 기계장치들은 우리에게 편리함을 제공하는 대가로 유용한 에너지를 쓸모없는 에너지로 바꾸는 일을 하고 있다. 아주 적은 에너지로 많은 일을 할 수 있는 기계들이 발명되고 있지만 그 제품이 만들어지는 과정에서 이미 많은 유용한 에너지가 사용된다. 에너지를 사용하면 어딘가에서 엔트로피가 증가한다. 엔트로피 증가 법칙이 적용되는 우주에는 공짜 점심이 없다.

통계적 엔트로피를 왜 $S = k_B log G$로 정의했을까?

지금까지 우리는 엔트로피에 대해 많은 이야기를 했다. 우리는 엔트로피가 열역학과 통계물리학에서 서로 다른 방법으로 정의되었지만, 통계물리학에서 정의한 엔트로피에는 열역학에서 정의한 엔트로피가 포함된다는 이야기를 했다. 그러나 지금까지의 설명으로는 열역학에서 정의한 엔트로피와 통계물리학에서 말한 엔트로피의 관계에 대해 충분히 이해할 수 없었을 것이다. 수식을 사용하지 않고 개념적인 이야기만 했기 때문이다. 따라서 많은 이야기를 해놓고도 정작 중요한 이야기는 하지 않은 것 같은 아쉬움이 남는다.

따라서 통계물리학적 엔트로피가 왜 $S = k_B log G$여야 하는지를 수식을 이용해 설명하고 엔트로피에 관한 이야기를 마무리하려고 한다. 따라서 이 부분은 통계적 엔트로피가 왜 $S = k_B log G$로 정의되었는지를 꼭 알고 싶은 독자들만 읽으면 된다. 혹시 중고등학교 학생이라면 이 부분은 대학에 진학한 후에 해결해야 할 공부거리로 남겨두는 것도 좋을 것이다.

　엔트로피 이야기를 하기 위해서는 우선 열역학 제1법칙과 제2법칙을 수식을 이용해 나타낼 수 있어야 한다. 열역학 제1법칙은 에너지 보존법칙이다. 이것을 다른 말로 표현하면 어떤 계로 들어오는 열량에서 외부로 해준 일의 양을 뺀 값은 내부 에너지의 변화와 같다는 것이다. 이것을 수식을 이용해 나타내면 다음과 같다.

$$\Delta U = \Delta Q - \Delta W$$

(ΔU : 내부 에너지의 변화, ΔQ : 흡수한 열량, ΔW : 외부에 해준 일)

　열역학에서의 엔트로피는 열량을 온도로 나눈 양으로 정의했으므로 온도 T에서 어떤 계로 ΔQ의 열이 들어오는 경우 증가하는 엔트로피는 $\Delta S = \dfrac{\Delta Q}{T}$ (S:엔트로피) 이다. 그리고 어떤 계가 외부에 해준 일의 양은 압력에 부피의 변화를 곱한 값이므로 $P\Delta V$ (P : 압력, V : 부피)라고 쓸 수 있다. 따라서 열역학 제1법칙은 다음과 같이 고쳐 쓸 수 있다.

$$\Delta U = T\Delta S - P\Delta V$$

　이 식을 미분 형태로 바꾸고 엔트로피를 중심으로 다시 정리하면 다음과 같다.

$$dS = \frac{1}{T}\,dU + \frac{P}{T}\,dV$$

부록

243

열역학 제1법칙을 미분 형태로 나타낸 이 식으로부터 다음과 같은 관계식을 얻을 수 있다.

$$\left(\frac{dS}{dU}\right)_V = \frac{1}{T} \quad , \quad \left(\frac{dS}{dV}\right)_U = \frac{P}{T}$$

열역학 제1법칙으로부터 유도해낸 이 식은 엔트로피와 온도, 압력, 부피가 어떤 관계를 가지는지를 나타낸다. 괄호 다음에 아래 첨자로 표시된 것은 각각 부피나 내부 에너지가 일정하다는 조건 아래 편미분했다는 것을 나타낸다.

■ 열적으로 접촉해 있는 두 물체는 오랜 시간이 흐르면 열적 평형상태에 도달한다.

이제 통계적 엔트로피에 대해 생각해보기 위해 온도가 다른 두 물체가 접촉해 있는 경우를 가정해보자. 두 물체는 열을 주고받을 수 있을 뿐 입자는 주고받을 수 없고, 두 물체의 부피도 변하지 않는다고 가정하자. 1번 물체의 내부 에너지는 U_1이고 2번 물체의 내부 에너지는 U_2라고 하면, 전체 내부 에너지 U는 두 물체의 내부 에너지를 합한 값과 같다. 에너지 보존법칙에 의해 두 물체가 에너지를 주고받아도 전체 에너지는 변하지 않으므로 이 것을 식으로 나타내면 다음과 같다.

$$U = U_1 + U_2 = 일정$$

따라서 전체 에너지의 변화량은 0이고, 1번 물체의 에너지 변화량은 2번 물체의 에너지 변화량과 크기는 같고 부호는 반대이다. 한쪽이 에너지를 얻으면 다른 쪽은 에너지를 잃어야 하기 때문이다. 이것을 미분으로 나타내면 다음과 같다.

$$dU = dU_1 + dU_2 = 0 \quad , \quad dU_1 = -dU_2$$

그리고 $G_1(U_1)$은 1번 물체가 U_1의 에너지를 가지고 있는 경우의 미시 상태의 수를 나타내고, $G_2(U_2)$는 2번 물체가 U_2의 에너지를 가지고 있는 경우의 미시 상태의 수를 나타낸다고 하자. 미시 상태의 수는 양자역학적으로 허용된 에너지 상태에 입자들이 분포하는 방법의 수를 나타내는데, 그것을 어떻게 계산하는지는 여기서 문제가 되지 않는다.

두 사건이 독립 사건인 경우에 전체 경우의 수는 두 가지 사건에 대한 경우의 수를 곱하면 된다. 두 물체 안에서 에너지가 분배되는 것은 독립 사건이므로 1번 물체가 U_1의 에너지를 가지고 있을 때의 미시 상태의 수가 $G_1(U_1)$이고, 2번 물체가 U_2의 에너지를 가지고 있을 때의 미시 상태의 수가 $G_2(U_2)$라면 두 물체 전체의 미시 상태의 수 $G(U)$는 각각의 미시 상태의 수를 곱한 값과 같다.

$$G(U) = G_1(U_1) \times G_2(U_2)$$

곱한 함수의 미분법에 의하면 $f(t)=x(t)y(t)$일 때 $f(t)$의 시간에 대한 변화율은 다음과 같다.

$$\frac{df(t)}{dt} = x(t)\frac{dy(t)}{dt} + y(t)\frac{dx(t)}{dt}$$

따라서 U_1의 변화에 따른 전체 계의 미시 상태 수의 변화를 미분식으로 나타내면 다음과 같다.

$$\left(\frac{dG}{dU_1}\right)_V = G_2\left(\frac{dG_1}{dU_1}\right)_V + G_1\left(\frac{dG_2}{dU_1}\right)_V$$

통계물리학적으로 보면 열적 평형상태는 확률이 가장 높은 상태이다. 다시 말해 전체 미시 상태의 수가 최댓값을 갖는 상태이다. 따라서 열적 평형상태에서는 미시 상태 수의 미분이 0이 되어야 하므로 다음과 같이 쓸 수 있다.

$$\left(\frac{dG}{dU_1}\right)_V = G_2\left(\frac{dG_1}{dU_1}\right)_V + G_1\left(\frac{dG_2}{dU_1}\right)_V = 0$$

1번 물체의 에너지가 증가하면 2번 물체의 에너지가 감소하고, 1번 물체의 에너지가 감소하면, 2번 물체의 에너지가 증가한다는 것을 나타내는 $dU_1 = -dU_2$라는 관계식을 이용하여 이 식을 다시 고쳐 쓰면 다음과 같다.

$$\frac{1}{G_1}\left(\frac{dG_1}{dU_1}\right)_V = \frac{1}{G_2}\left(\frac{dG_2}{dU_2}\right)_V$$

그런데 $\dfrac{dlogy}{dx} = \dfrac{1}{y}\dfrac{dy}{dx}$ 이므로 이 식은 다음과 같이 고쳐 쓸 수 있다.

$$\left(\frac{dlogG_1}{dU_1}\right)_V = \left(\frac{dlogG_2}{dU_2}\right)_V$$

이 식은 통계물리학적으로 본 평형상태의 조건이다. 다시 말해 두 물체가 에너지를 주고받아서 만들어질 수 있는 상태 중에서 확률이 가장 높은 상태가 되기 위한 조건을 나타낸다. 그런데 열역학적으로 평형상태에서는 온도가 같아야 하므로 열역학과 통계물리학이 일치되기 위해서는 이 식이 온도를 나타내야 한다. 그런데 우리는 앞에서 열역학 제1법칙으로부터 다음과 같은 식을 유도해 놓았다.

$$\left(\frac{dS}{dU}\right)_V = \frac{1}{T}$$

따라서 양변에 볼츠만 상수 k_B를 곱한 다음 엔트로피를 $S = k_B logG$라고 정의하면 다음과 같은 식을 얻을 수 있다. 볼츠만 상수를 곱하는 것은 $logG$라는 양이 차원을 가지지 않은 양이어서 이 양을 열역학적으로 정의한 엔트로피와 같은 차원을 갖도록 하기 위한 것이다. 볼츠만 상수를 곱해도 엔트로피가 미시 상태의 수에 의해 결정된다는 사실이 달라지지는 않는다.

$$\frac{1}{T_1} = \left(\frac{dS_1}{dU_1}\right)_V = \left(\frac{dS_2}{dU_2}\right)_V = \frac{1}{T_2}$$

이것은 엔트로피를 $S = k_B log G$라고 정의하면 두 물체의 온도가 같다는 것과 가장 확률이 높다는 것이 같은 상태를 가리키게 된다는 것을 의미하고, 따라서 통계적으로 정의한 엔트로피와 열역학적으로 정의한 엔트로피가 같은 물리적 의미를 가지게 된다는 것을 뜻한다.